GRAPHIA
MATIS
NICANI.
Prostant Amstelaedami apud
PETRUM SCHENK
et GERARDUM VALK. C.P.
SATVRNVS
ANNORVM SE REVOLVENTIS
INTERVALLO SOLEM CIRCVM EVNTIS
ÆQVINOCTIVM
AVTVMNALE
LVNA
MARS
SOLEM CVRRENTIS
SIGNA
CAPRICORNVS
ARIES
U0152688

ZODIACVS, ET SPHÆRA STELLARVM FIXARVM IMMOBILIS ET CONSISTENS
CAN CER
GEMI NI
TAV RVS
SIGNA
HYBERNA
SEMITA SATVRNI QVI TRIGINTA ANNIS REVOLVITVR SATVRNVS
VIA IOVIS SPATIO DVODECIM ANNORVM SE REVOLVENTIS
IVPITER
CIRCVLVS MARTIS DVORVM ANNORVM INTERVALLO SOLEM CIRCVM EVNTIS
SEMITA GLOBI TER RESTRIS ANNVO SPATIO CIRCA SOLEM CVRRENTIS
SOLSTI TIVM BRV MALE
AQVI NOCTI AVTV MNAL
MARS
SOLSTI TIVM ÆSTI VVM
VERNA
SCOR PIVS
SAGIT TARIVS
CAPRI CORNVS

人类探索月球历史的100个里程碑

[美]大卫·沃姆弗兰什 著
郑建川 丁 一 译

月球之书

重庆大学出版社

—— 目　录 ——

序 言

对大多数人而言，美国国家航空航天局（NASA）的“阿波罗计划”就是月球探测的代名词。其实人类很早就开始探测月球了，“阿波罗计划”只是这一探测历史长河中的一小部分。本书从大约 45 亿年前月球的形成讲起，按照时间顺序，着重介绍人类探测月球历史中的 100 个里程碑事件。在介绍每个里程碑事件的过程中，我们会讨论现代月球科学中的知识、理论、假设和思想，还有月球对人类文明的重大影响，比如月球与历法、古代宗教的关系，以及月球探索对天文学和其他自然科学的影响，当然也包括 20 世纪中叶人类的登月计划和各种宇航科技的发展。在研究这些议题时，我还偶然发现了一些趣闻，比如 1929 年的德国电影《月里嫦娥》中刻画了一个技术专家的形象，而这位专家正是整个火箭技术发展的核心人物。

当您在阅读这本书时，会注意到我将这些探测月球的时刻进行了分类。早期是按地质事件分类的。在那之后，我将介绍月球探索对古代人类文明的影响，特别是对美索不达米亚文明和古希腊文明的影响。接下来我介绍的是中世纪时期的一系列月球探测，当时的研究重点是月球天文学和普通天文学，以及阿拉伯文明和其他以阿拉伯语作为交流语言的国家、人民对真理的追求。紧接着，我们就进入了欧洲文艺复兴时期及现代文明的初期，望远镜不仅帮助人类看到了月球地貌细节，而且还帮助人类观测到了一些其他天文现象，比如金星也会像月球一样有相位变化。伽利略首次观测到的金星相位变化成了“日心说”与“地心说”辩论的重要转折点之一。这场辩论从古希腊时期就开始了，随着月球探测的不断深入，月亮成了这场辩论的重要配角。

在数十亿年前月球环形山及其地貌形成的相关章节里，我还介绍了人类历史上的一些伟大的科学家，他们致力于月球的相关研究并作出了突出贡献。为了纪念他们，后人就用他们的名字来命

USA

名月球上著名的环形山。比如我们的书里多次出现的一位重要人物，来自萨摩斯的阿利斯塔克（Aristarchus）。阿利斯塔克环形山大约有4.5亿年的历史，阿利斯塔克用简单而有创意的方法得出月球的大小、月地距离、太阳的大小、日地距离等数据。计算表明，太阳要比地球大得多，因此阿利斯塔克推断，一定是地球绕着太阳转而不是太阳绕着地球转的，这就是最早的朴素日心说。但在阿利斯塔克的那个时代，地心说（以地球为中心）的宇宙模型占主导地位，只有极少数人支持日心说（以太阳为中心）。阿拉伯文明时期，随着对月球运动观测的逐渐深入，人们开始质疑地心说。最终，哥白尼、伽利略和开普勒证明了日心说的正确性，月球上也有以他们名字命名的环形山。

到了20世纪，方方面面的联系就更紧密了。火箭推进器的出现，促使NASA的土星五号火箭研制成功，美国和苏联的太空竞赛就此拉开帷幕。这里不得不提到谢尔盖·科罗廖夫（Sergey korolyov），他是苏联在与美国太空竞赛时的火箭工程师和设计师。另外，美国总统约翰·菲茨杰尔德·肯尼迪在他短暂的任期内也对此发挥了重要影响，这让他也成为登月竞赛中的主角，而美国总统理查德·尼克松的所作所为会让你觉得他更像是在阻碍登月。读完这本书，你就会知道为什么我这么说了。

如上所述，书中会重点介绍阿波罗11号及人类首次登上月球之前发生的事。随后还会着重介绍飞行任务，特别是宇航员和在地球上的研究人员所开展的科学研究。目前我们对月球的了解，还有我们所知的地球和其他内行星的早期历史，大部分来自“阿波罗计划”在月球上开展的研究，以及宇航员返回地球时带回来的382千克的月球地质样本。采集这些样本的12名宇航员都非常专业，因为他们接受了数百小时的地质学培训，这足以让他们获得地质学硕士学位了。不过他们中有一个例外，宇航员哈里森·施密特（Harrison Schmidt），他在加入阿波罗17号任务时就已经是地质学博士了。

关于计量单位，特别是在阿波罗时期的计量单位，读者们会注意到我用的是公制、英制和航海计量单位。这样做

月球概况

质量：7.35×10^{22} 千克（约为地球质量的 1/100）

密度：3.34 g ／cm^3

表面重力加速度：1.62m ／s^2（约为地球重力加速度的 16%）

直径：3475 千米

平均轨道距离：384 400 千米

近地点（距离地球最近）：362 600 千米

远地点（距离地球最远）：405 400 千米

恒星月（相对于“固定”的恒星，月球绕地球旋转 360°的时间）：27.32 天

朔望月（相对地球和太阳的连线，月球绕地球旋转一周的平均时间）：29.53 天

表面温度：–233 ～ 123° C（–387 ～ 253° F）

1967 年 11 月 9 日，土星 5 号火箭执行首次任务，将阿波罗 4 号无人飞船发射升空。两年后，它把第一批宇航员送上了月球。

是为了与阿波罗工程中使用的计量单位保持一致，比如它的工程值、压力和推力都是以英制单位来表示的；登月的距离、轨道的高度等均以海里表示；与科学有关的测量（例如收集到的月球材料的数量）则用公制表示。（在本书的前几章里，还提到了另一种叫视距的单位，它是古希腊距离单位，1 个视距相当于 1 个奥林匹克体育场的长度。）

本书的最后部分是展望未来，重点讨论了月球上的工业化和太阳能，以及 21 世纪 40 年代在月球上建立大型人类基地的可能性等话题。这些展望终将成为现实。在这个新的月球探索时代，新的探险已经开始。

45 亿年前

月球形成 001

作为地球的天然卫星，月球是如何形成，又是何时诞生的呢？根据月球标本和月球探测，我们已经得知月球形成的准确时间。通过分析阿波罗 14 号的宇航员从月球弗拉·毛罗环高地带回的岩石碎片，我们知道了月球大约有 45.1 亿年的历史。然而，“月球是如何形成的”这个问题就复杂多了，至今也没有一个统一的答案。

1873 年，爱德华·艾伯特·洛希（Édouard Albert Roche）提出了一个假说——地球和月球是相邻形成的。但是，这个假说的理由不充分，因为两个天体的铁含量相差很大。地球的铁含量更高，并且大部分都集中在金属地核中。好了，让我们再来看看另一种假说，1909 年，托马斯·杰斐逊·杰克逊·西伊（Thomas Jefferson Jackson See）提出了“俘获假说”：月球形成时离地球很远，后来被地球的引力俘获。这个假说也同样存在问题，因为在地球和月球岩石中，氧同位素与其他元素的比率完全一致，如同完美匹配的指纹一般，形成月球的物质就像地球外层物质一样。那么地球有没有可能将自身的一部分抛向自身轨道而形成了月球呢？1879 年，博物学家查尔斯·达尔文（Charles Darwin）的儿子乔治·达尔文（George Darwin）提出了这种设想，但这一设想同样也存在问题。

此外，1975 年，威廉·哈特曼（William Hartmann）和唐纳德·戴维斯（Donald Davis）提出了“大碰撞假说”——地球与一颗火星大小的行星发生了撞击，两颗行星在形成壳和核不久后就发生了撞击，残留的碎片形成了月球。这颗撞击地球的行星叫忒伊亚（Theia），这个名字源于希腊神话里的泰坦女神，这位女神是月神塞勒涅（Selene）的母亲。“阿波罗计划”发现，月球上缺少水和其他挥发物（沸点低的物质），这为“大碰撞假说”提供了依据。另外，“阿波罗计划”和“月球勘探者”探测器也发现，月球拥有一个很小的铁硫内核，而且它的同位素含量与地球上的完全一致。同时，地球的自转与月球轨道的相关性促使科学家们提出了各种月球形成的新理论。例如，2015 年，奥迪德·阿兰恩桑（Oded Aharonson）和魏茨曼科学研究所（colleagues of Weizmann Institute）的同事提出，月球是由多个小星体碰撞形成的；2017 年，这个理论完善成型。

· 科学家思索月球起源（1873—1909 年）、重返月球（1971 年）、解开月球历史之谜（20 世纪七八十年代）、准备新任务（2018 年）

19 世纪 70 年代以来，科学家们提出了好几种假说来解释月球的起源。

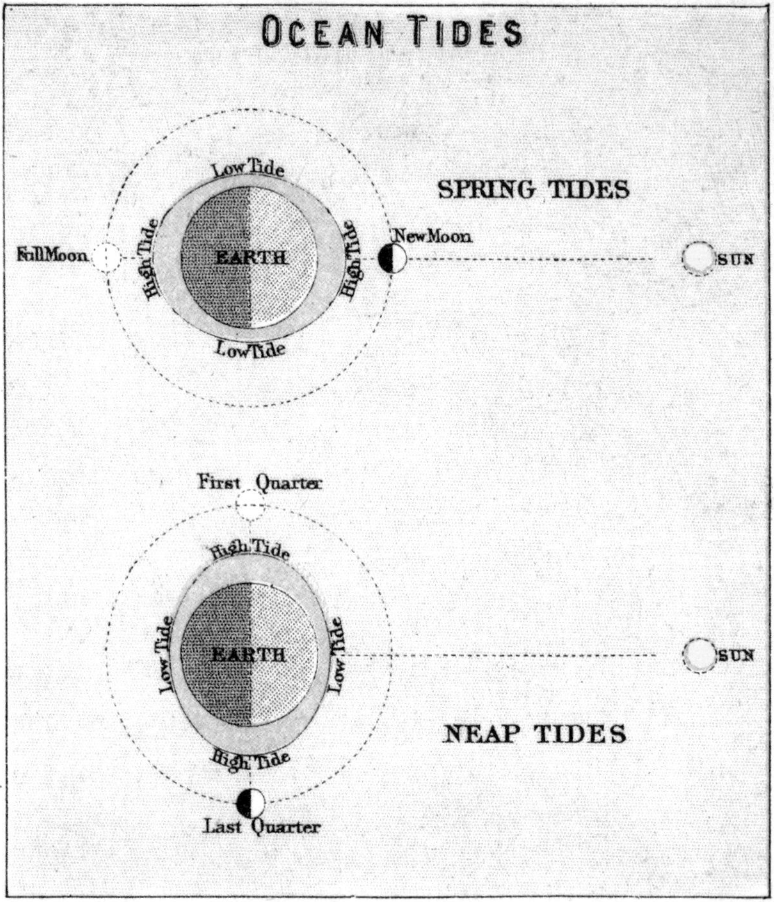

OCEAN TIDES

SPRING TIDES

Low Tide

High Tide

Full Moon

EARTH

High Tide

New Moon

SUN

Low Tide

First Quarter

High Tide

Low Tide

EARTH

Low Tide

SUN

NEAP TIDES

High Tide

Last Quarter

45 亿年前

月球与地球开始潮汐摩擦 002

月球形成初期，地球上的一天大概只有 4 个小时，月球和地球的距离是现在地月距离的十几分之一。因此，当时在地球上看到的月球非常巨大。但是随着月球与地球的距离越来越远，地球的自转速度也减慢下来。

这种宇宙的“舞蹈”是在潮汐力的作用下形成的。因为两个天体之间的引力会随着距离的增大而减小，所以月球对离它近的一侧的地球会施加较强的引力，对离得远的一侧施加的引力较弱，地球因此被拉伸。引力对岩石结构影响较小，但对海洋的影响很大。这种引力（也叫潮汐力）使地球面向月球一侧的海洋凸起，而背离月球的一侧也有一个凸起。在两个凸起的中间（垂直于地月连线），海洋变得扁平。再加上地球自转以及这种几何形状的变化等作用，每天地球上的海洋会有两次涨潮、两次退潮交替出现。涨潮和退潮的变化是月球在绕地轨道上的位置不同而引起的。另外，太阳的引力也会引发潮汐。太阳潮汐力和月球潮汐力的强弱取决于月球、地球和太阳之间的夹角。但是太阳距离地球很远，所以主要的影响还是源于月球潮汐力。

海水的移动滞后于引力的变化，地球的自转会使海水涨潮的时间略微提前。在海水引力的作用下，月球会被拉近，绕地速度增加。但是随着绕地速度的增加，月球会更加远离地球（以大约每年 4 厘米的速度远离）。在潮汐力作用下，月球的引力也会使地球的自转速度减慢。

地球对月球的引力也会影响月球岩石结构。几十亿年前，在引力的作用下，月球自转周期与月球绕地球的公转周期相同，这种现象被称为潮汐锁定。这就是为什么从地球上看，我们总是只看到月球的一面。几十亿年以后，地球也可能会被潮汐力锁定，到那时，地球将只有一面可以见到月球。但在这一切发生之前，太阳就会膨胀并吞噬地球和月球。

另参见 · 地球的生命起源和月球（43 亿—37 亿年前）、用数学研究月球运动（公元前 2 世纪），科学家思索月球起源（1873—1909 年）

这幅 1891 年的版画展示了在大潮和小潮期间海洋是如何膨胀的。月球、地球和太阳在一条直线时发生大潮，而从地球看到太阳和月球相距 90 度时发生小潮。这两种潮汐在每个农历月都会出现两次。

43 亿—37 亿年前

地球的生命起源和月球 003

科学家们估计，几十亿年前，月球离地球只有 25 000 千米（15 500 英里），是现在地月距离的十五分之一。也就是说，那时月球对地球的潮汐力大约是现在的 225 倍，地球上海水和陆地的相互作用很强。现在，地球海岸线的移动（涨潮和落潮之间）以米或英尺为单位计量，但在几十亿年前，这可能是以千米或英里为单位来计量的。

近几年来，科学家通过研究地球岩石中的微观结构、矿物组成和化学成分，
发现地球岩石里的微生物可追溯到约 39.5 亿年以前。2017 年的一项研究中，科学 5
家发现了加拿大魁北克省的岩石中有微生物化石，其年代可追溯至 42.8 亿年以前，这项研究引发了关于“微生物诞生时间”的讨论。而现在大家普遍认为地球上的微生物始于 37 亿年前。通过对月球表面的分析，我们知道这个时期是太空岩石猛烈撞击月球、地球和其他太阳系内层行星之后的一段时间。在这里要提出一个问题，是在太空岩石撞击减弱后，地壳温度冷却，生命得以繁衍生息呢？还是因为这些太空岩石将某种重要的生命分子带到了地球才有了生命呢？

目前，我们还不知道生命是如何在“非生命”化学系统中产生的。科学家甚至还不确定生命是否起源于地球。因为微生物很可能是通过太空岩石“被运输”到早期的地球上的，而这些太空岩石又很有可能是行星、卫星、矮行星和其他天体撞击时喷射进入太空的。至于生命是如何从地球上的非生命化学物质演化而来的，目前也有几个看似合理的假说。

一个可以浓缩有机化学物质的系统，将有利于各种化学反应。早期巨大的潮汐力就有助于浓缩化学物质。因此，月球促进了地球生命的起源，这是有可能的，但目前还没有定论。

· 月球与地球开始潮汐摩擦（45 亿年前）、用数学研究月球运动（公元前 2 世纪）

数十亿年前月球与地球相隔非常近，产生了巨大的潮汐。这些潮汐可能浓缩了有机化学物质，让生命在地球上出现。

月球表面的撞击坑

满月时，你从地球上观测月球，能看到一些明显的暗区和亮区。人们将这些明暗不同的图案想象成是“月亮上的人”，并用拉丁文 terrae（意为：陆地）表示较亮的区域，用 maria（意为：海）表示较暗的区域，其中最大的“海”甚至被称为“海洋”，但月球上其实没有任何水系。因为潮汐锁定，这些图案与我们的观测位置无关，它总是以相同的半球朝向着地球，即“近地月面”，也被称作月球正面。由于月球轨道的形状和倾角的变化，我们每个月实际上观测到的月球表面要比半球面积多一些（约 59%）。月球的偶尔晃动也可以让我们看到多一点月球的“远地月面”，即月球背面。不过只有环绕月球飞行的宇航员和探测器才能观测到更完整的月球“背面”。

对人类来说，虽然我们一直都能观测月球“正面”的亮暗图案，但直到最近几十年，科学家才真正了解它们是如何形成的。简单地说，它们由太空岩石、流星体、小行星和彗星的巨大撞击形成。

尽管具体时间还不确定，但可以知道在大约 43 亿到 39 亿年前，有两次巨大的撞击，将月壳一部分剥离。其中一次撞击形成了南极–艾特肯盆地（SPA），它覆盖了月球背面直径约 2500 千米（1550 英里）的区域。另一个更大的古老撞击坑在月球正面，直径约 3200 千米（2000 英里），被称为近海巨盆（NSB），它以月球正面西部的风暴洋（拉丁名：Oceanus Procellarum，意为“风暴海洋”）为中心。近海巨盆还包含两个月海，雨海（拉丁名：Mare Imbrium，意为“淋浴之海”）和澄海（拉丁名：Mare Serenitatis，意为“澄净之海”），还有其他月海（拉丁名：maria，意为“海”）的部分也包含在内。月球的地貌会因许多太空岩石撞击而改变，也会随月球上的火山活动而变化，但它们远不如地球上的地貌那般千变万化。

· 月球“变脸”（39 亿—31 亿年前）、月球火山活动高峰期（38 亿—35 亿年前）

太空岩石撞击月球表面的艺术构想图。

39 亿—31 亿年前

月球“变脸”

科学家将月球历史分为几个时期，其中某些与发生撞击的时间点有关。撞击形成的环形山、盆地和其他地貌，改变了月球表面。如果月球地貌是在酒海（Nectaris）盆地之前形成的，则被称为“前酒海纪”（Pre-Nectarian）。酒海是在大约 39 亿年前的一次猛烈撞击中形成的。人们猜测前酒海纪的地貌类似于静海盆地（也称静海），阿波罗 11 号的宇航员就在那里完成了历史性的登月。另一个撞击形成的依巴谷环形山，是以尼西亚的著名天文学家、数学家喜帕恰斯（Hipparchus，约公
元前 190—公元前 125 年）的名字命名的。这个时期的另一个环形山是以锡拉库萨 9
的阿基米德（Archimedes，公元前 287—公元前 212 年）的名字命名的，阿基米德不仅是一位数学家、物理学家，还被认为是古代最伟大的力学天才。

酒海盆地的形成，标志着酒海纪的开始，大约 38.5 亿至 37.7 亿年前，酒海纪结束。当时，另一次巨大的撞击发生在靠近近海巨盆中央的地方，形成了雨海盆地。该盆地的形成也标志着月球的雨海纪开始。这一时期持续到了 32 亿年前，在此期间，撞击还形成了一些显著的月貌，比如澄海盆地（Serenitatis）。

在月球科学中，盆地指的是直径大于 300 千米的撞击坑，而直径小于 300 千米的撞击坑被称为环形山。巨大的盆地里面包含了许多其他小盆地。例如近海巨盆，就包含了雨海盆地和澄海盆地。这是因为近海巨盆的底部受到再次撞击而形成了这些小盆地。但这些盆地的形成只是月球地貌演变成“月海”的第一步。

· 月球表面的撞击坑（43 亿—37 亿年前）、月球火山活动高峰期（38 亿—35 亿年前）

1992 年 12 月，伽利略号探测器拍摄的月球图像显示了一些最主要的月球盆地。

3.9 Ga
3.0 Ga
2.5 Ga
2.0 Ga
1.5 Ga
1.5 Ga

38 亿—35 亿年前

月球火山活动高峰期

为什么月海看起来比月球高地要暗呢？在月球形成后，其外层冷却并凝固为月壳。在更深的地方，熔融的岩石或岩浆形成月幔，月幔的熔融状态保持了数十亿年。陨石撞击月球形成的盆地或环形山，有些陨石撞击能够穿透月壳，进入熔融的月幔，形成火山，岩浆通过火山口外溢。

年轻时期的月球火山活动十分频繁，大约在 38 亿年前和 35 亿年前曾出现了两次强烈的火山活动高峰期。2017 年，NASA 马歇尔航天飞行中心和月球行星研究所的科学家发表了关于月球火山的玻璃态样本的研究，这些样本是 20 世纪 70 年代宇航员从月球带回地球的。研究表明，早期月球的岩浆中富含一氧化碳、气态硫化物，以及其他一些挥发性物质。在大约 7000 万年的时间里，月球实际上有一个大气层——它是名副其实的大气层，而不是今天的其中几乎没有相互作用的粒子的月球大气层。

月球上的撞击事件会让月壳产生裂缝，火山活动的岩浆通过月壳裂缝外溢。和夏威夷的熔岩一样，月球上的岩浆以玄武岩熔岩的形态流过盆地，很快，熔岩冷却并硬化成玄武岩。玄武岩是一种火成岩，与月球高地的岩石和尘埃相比，玄武岩中高浓度的铁能降低对阳光的反射性，这就是为什么月海看起来很黑。尽管大约 30 亿年前月球火山活动频率就开始下降，但这是持续了近 20 亿年的缓慢过程，因此月海表面的有些玄武岩是大约 12 亿年前形成的。

月海覆盖了月球正面约三分之一的区域，但月球背面的覆盖率不到 2%。月球背面也受到了太空陨石的撞击，为什么月海分布不均呢？这可能是由于背面的月壳比较厚，穿破地壳而释放岩浆的陨石撞击很少。为什么背面月壳比正面月壳要厚得多？探究这一问题，也是人类重返月球的科学动机之一。

· 月球“变脸”（39 亿—31 亿年前）、第一张月球背面的照片（1959 年）

这一系列图像显示了以 5 亿年为间隔的月球火山活动。红色区域表示“最近”熔岩喷发最多的地方。

32 亿—11 亿年前

—— 月球地质年代之厄拉多塞纪 ——

在太空时代之前，天文学家可以通过陨石坑的数量来区分月球上古老的和新形成的地质区域。陨石坑数量多，意味着这个区域中熔岩凝固的时间早。通过分析宇航员带回来的月球岩石标本，我们可以获得月球某部分地区的实际年龄。月球上有些区域没有样本，我们就用标定的陨石坑数量来估算这些区域的地质年龄，或者估算其他行星上陨石坑覆盖区域的年龄。

32 亿—11 亿年前形成的月球陨石坑，代表了月球的中期历史。32 亿年以前的陨石坑和盆地中还包含更小的陨石坑。中期的陨石坑则没有这种特征，这个时期被称为厄拉多塞纪，名称取自月球中期形成的最具代表性的厄拉多塞环形山。

为了纪念埃及亚历山大博物馆馆长厄拉多塞（Eratosthenes，约公元前 276—公元前 194 年），人们用他的名字来命名中期环形山——厄拉多塞环形山。厄拉多塞还有一个绰号，叫作“β”，因为他被世人认为是世界上第二聪明的人，仅次于阿基米德。但是天文学家卡尔·萨根（Carl Sagan, 1934—1996）曾经说过，“很明显，厄拉多塞所做的事几乎全是‘α’。”萨根这样说是有原因的，厄拉多塞的研究涉足多个领域。在数学上，他发明了一种挑选素数的算法；在地理上，他发明了经纬线，被尊为“地理学之父”，还计算出了地球自转轴的倾角。

最重要的是厄拉多塞发现了一种测量地球大小的方法。同一时期，在萨摩斯岛的另一位科学家阿利斯塔克可以计算出月球、地球和太阳的大小比例，以及它们之间的距离比例。厄拉多塞测量出地球的大小后，就可以计算出它们之间的绝对距离。

· 亚历山大图书馆（公元前 3 世纪初）、阿利斯塔克测量月球直径和月地距离（公元前 3 世纪）、弦月和日心说（公元前 3 世纪）、厄拉多塞计算地球周长（公元前 3 世纪）

意大利画家贝尔纳多·斯特罗齐（Bernardo Strozzi, 1581—1644）于 1635 年描绘了厄拉多塞在亚历山大专心教导学生的情景。

11 亿年前

— 月球地质时代之哥白尼纪的开始 — 008

当陨石撞击月球形成新的陨石坑时，坑的边缘会出现“辐射型”裂缝，它就像汽车挡风玻璃被小石子撞击后形成的裂纹。这些裂缝被称为辐射纹，后来又被来自太空中的非常小的微流星体侵蚀，这种侵蚀过程会长达数十亿年。如果陨石坑有明亮辐射纹特征，我们就可以断定它是在哥白尼纪形成的。哥白尼纪指的是从11亿年前到现在这段时间，这个名字是以这个时期出现的最著名的哥白尼环形山来命名的。

哥白尼环形山是以伟大的天文学家尼古拉斯·哥白尼（Nicolaus Copernicus，1473—1543）的名字命名的，他所在的时代，望远镜还没有被发明出来。哥白尼纪的其他陨石坑也是以历史上著名的思想家来命名的。例如米利都的泰勒斯（Thales，约公元前624—公元前546年），他是西方文明中最早通过理性假说理解自然变化、解释自然现象的人。另一个陨石坑是以克拉佐美尼的阿那克萨戈拉（Anaxagoras，约公元前510—公元前428年）的名字命名的。阿那克萨戈拉宣称月亮和太阳都不是神，否定了天体是神的信仰，因此在雅典受到审判。如果不是政治家伯里克利（Pericles）相救，他会被处死。泰勒斯和阿那克萨戈拉是爱奥尼亚启蒙运动的主要代表人物。该运动发生在现土耳其西海岸的岛屿上，在那里，波斯帝国与希腊商人曾发生过激烈的冲突。

古代哲学思想的觉醒为后来的爱奥尼亚人打开了科学的大门。其中还有一位叫阿利斯塔克的天文学家和数学家，另一个哥白尼纪的陨石坑就以他的名字命名。公元前3世纪，阿利斯塔克认为地球绕太阳运行，而不是太阳绕地运行，他通过测量、几何学和计算得出了这个结论。

两千年之后，另外两位天文学家的名字也被用于哥白尼纪陨石坑的命名。一位是第谷·布拉赫（Tycho Brahe，1546—1601），他生活在哥白尼之后，但也没有使用过望远镜；另一位是约翰尼斯·开普勒（Johannes Kepler，1571—1630），以“开普勒行星运动定律”而闻名。

另参见 · 泰勒斯阻止了一场战争（公元前6世纪）、阿那克萨戈拉受审（公元前5世纪）、只有月球绕地球运行（1543年）、月球和太阳绕地球运行（16世纪70年代）、月球梦之旅（1581年）

哥白尼环形山（位于顶部中心的陨石坑）的照片，其边缘有被称为辐射纹的裂缝。

4.5 亿年前

撞击形成阿利斯塔克环形山

在月球正面的西北部，有一个被称为阿利斯塔克高原的地区，位于风暴洋。高原的周围是玄武岩沉积物，看起来是暗的，而高原本身是明亮的。它以萨摩斯的天文学家阿利斯塔克的名字命名，高原中还有一个巨大的环形山，名为阿利斯塔克环形山。你可以用肉眼看到它，因为它比大峡谷还要大，它的反照率相比高原的要高。由于其亮度极高，阿利斯塔克环形山一直都是阴谋论者最喜欢的话题。他们想象着它有一系列的功能，从核聚变发电到 UFO 的基地，应有尽有。

阿利斯塔克环形山之所以看起来很明亮，是因为它由特殊的矿物质组成。20 世纪 70 年代的两次阿波罗任务，以及 20 世纪 90 年代和 21 世纪初的几次机器人探测器都曾在该地区进行过重点探测。阿利斯塔克环形山也将是未来月球任务的探测目标，因为我们还不够了解它。这将会是个很好的人类探索宇宙的新起点，在探索宇宙方面，我们和古希腊天文学家阿利斯塔克的愿景是一样的。

阿利斯塔克在他所处的时代并不受欢迎，因为那时伟大的哲学家关心的是“生存”“伦理”和“知识基础”等问题，而他却在仔细测量着月球、太阳和地球之间的夹角。月食期间，他测定了月球穿过地球阴影的时间，并用这些数据进行了计算分析。阿利斯塔克首次提出了“地球绕太阳运行”的观点，并驳斥了斯塔吉拉的亚里士多德（Aristotle，约公元前 384—公元前 322 年）的地心说。并且，阿利斯塔克没有故步自封，他还发现恒星似乎并没有在天空中移动。当地球绕太阳运行时，我们应该会观测到其他恒星的位移。因此，阿利斯塔克推断，恒星离我们很遥远，每个恒星都与太阳相似，甚至有类似于太阳系的行星系统。

· 阿利斯塔克测量月球直径和距离（公元前 3 世纪）、弦月和日心说（公元前 3 世纪）、用数学研究月球运动（公元前 2 世纪）、仪器的改良促进月球天文学的发展（18 世纪）

阿利斯塔克环形山位于这张照片的左中部，它是个很大而且明亮的陨石坑，我们在地球上可以直接用肉眼看到。

4.4 亿—150 万年前

—— 月球帮助了地球上的智慧生命 —— 010

虽然还不确定月球潮汐是否是地球生命起源的关键，但月球确实帮助并塑造了最早的地球生命。月球稳定了地球，就像走钢丝的人用平衡杆来保持平衡一样。地球自转轴相对于绕太阳公转轨道平面的倾角约为 23.44° 。地球自转轴的倾斜能解释地球上四季的变化。但这个倾斜角度并不一直都是 23.44°，地球自转时会有些摇摆，就像一个旋转很慢的陀螺。数万年以来，地球的摆动使自转轴的倾角在 21.5° 到 24.5° 之间变化。这种摆动导致地球上冰期的到来和消失，以及从地球上看到的恒星位置的移动。

在地球大部分的历史中，生命形态多是单细胞生物，而单细胞生物是地球生命的重要组成部分。单细胞生物比植物、动物等多细胞生物具有更强的生命力。大约 4.4 亿年前单细胞生物就在陆地上出现了。而在地质史上大型的复杂生物曾多次濒临灭绝。众所周知，在 2.52 亿年前的二叠纪大灭绝中，大部分的陆地生物和海洋生物都消失了。

很久以后，人类大脑的进化超过了黑猩猩，使人类在几百万年到 150 万年前开始了智能认知。基因研究表明，人类祖先的种群也曾多次濒临灭绝。最近的一次是在地质年代第四纪"更新世"冰期，人类和其他物种几乎消失。气候是导致生物灭绝的最主要因素。在这段时间里，月球将地球自转轴的倾角稳定在 21.5° 到 24.5° 的较小范围内。如果没有月球的稳定作用，地球的自转摆动会更剧烈，从而气候变化也会更极端，这就很可能导致人类在创造文明前就灭绝了。最终，是现代科学技术帮助我们认识到月球对人类的重要价值。

· 地球的生命起源和月球（43 亿—37 亿年前）、用数学研究月球运动（公元前 2 世纪）、仪器的改良促进月球天文学的发展（18 世纪）、重返月球（1971 年）

在这张图中，穿过地球两极的红线表示地球的自转轴。几千年来，地球一直在摇摆，自转轴在大约 21.5°到 24.5°之间移动。如果没有月球，地球的自转摆动会更剧烈。

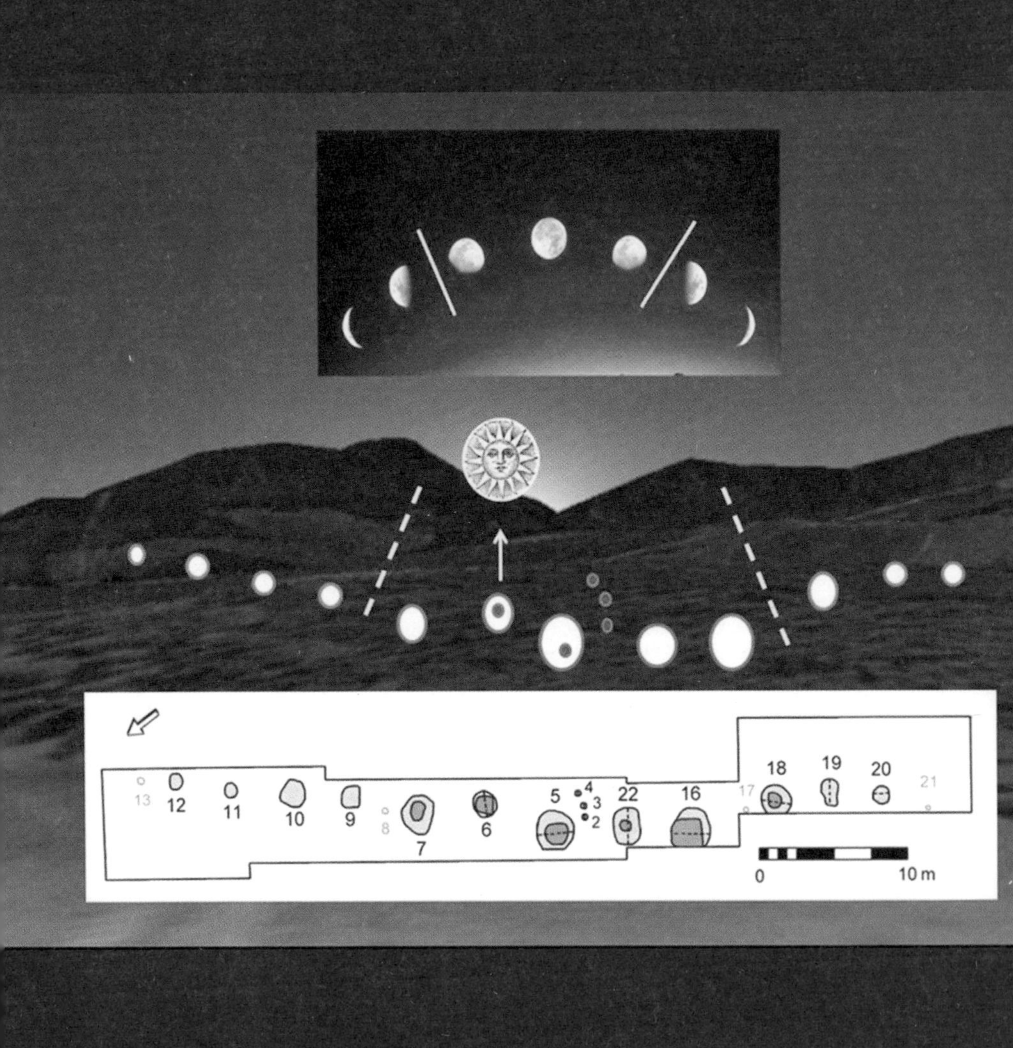
13
12
11
10
9
8
7
6
5
4
3
2
22
16
17
18
19
20
21
0
10 m

约公元前 8000 年

中石器时代的阴历 011

通过观察星空，石器时代的观测者能看到与我们现在一样的月相，周期约为 29.5 天。在每一个周期中，月相都会从新月逐渐变为满月，然后再变小，直到看不见为止。人们在观察月相周期的同时，也注意到了季节的变化，从冬到春，然后到夏到秋，再回到冬，我们称之为一年，这大约需要 12 ~ 13 个月相周期。观察到月相年复一年地重复变化后，人们开始以月相周期为基础建立阴历。

已知的最早的阴历是大约一万年前在苏格兰阿伯丁郡建立的。考古学家称那时
为中石器时代。随着新技术的出现，人类逐渐从以狩猎和采集为主的旧石器时代过
渡到了以农业和定居为主的新石器时代。

尽管当时世界上有多种阴历，但只有阿伯丁郡的阴历保存至今。原因是阿伯丁郡的阴历是一个巨大的“建筑”。当时中石器时代的人们沿着大约 50 米的弧线挖了 12 个地坑，并按照月相在天空中出现的顺序，将这些地坑挖成类似各种月相的形状。为了能长期使用，这个阴历必须与太阳年同步。当时的建造者使用将弧线中心与山丘之间的凹口对齐的方法校准太阳年。冬至时（一年中最短的一天），山丘之间的凹口正是日出的位置。每年冬至日，阿伯丁郡的人们看到太阳穿过凹口，他们就知道下一个新月就是新年的开始了。

· 复杂的阴历系统（公元前 18 世纪—公元前 17 世纪）、那布那西尔制定标准阴历（公元前 747—公元前 734 年）

这张图显示了在苏格兰阿伯丁郡发现的 12 个坑是如何对应月球的相位的。坑的深度不同，呈弧形排列。在冬至那天，山丘之间的一个凹口正是日出的位置。因此当阴历与季节不同步时，这些坑可以用来校准阴历。

公元前 23 世纪

—— 人类历史上第一位署名作家 ——

012

公元前 2300 年，美索不达米亚平原南部的苏美尔人拥有一个发达的楔形文字系统，足以用来表达人们的各种思想和情感。我们之所以知道这一点，是因为公元前 2285—公元前 2250 年，著名的月神女祭司、诗人恩西杜安娜（Enheduanna）在泥板上留下了这些楔形文字。

美索不达米亚位于幼发拉底河和底格里斯河之间，这里诞生了地球上的第一个文明古国。恩西杜安娜的父亲是阿卡德帝国的开创者的萨尔贡（Sargon，约公元前 2334—公元前 2279 年在位）。他征服了各个苏美尔城邦，建立了王国。传说，萨尔贡是苏美尔人，但他是私生子。为了保护萨尔贡，他的女祭司母亲把还是婴儿的小萨尔贡放进芦苇篮中，随河漂流。北部的阿卡德人救了萨尔贡，并将他抚养长大。虽然这段关于萨尔贡身世的故事，在他统治苏美尔城邦上有一定的合法性，但这还不够，所以他利用了一些宗教手段加强统治。

美索不达米亚神话中描绘的月神被称为“南纳”（Nanna）。作为新一代神的领袖，她合法地继承了他们的统治权。因此，萨尔贡为了与月神联系在一起，就任命自己的女儿恩西杜安娜为苏美尔乌尔城伊南纳神庙的最高女祭司。恩西杜安娜利用最高女祭司职位统治了南部城邦，辅佐她的父亲在北部城市阿卡德加强政治权力。恩西杜安娜擅长作诗，她最著名的代表作《苏美尔神庙赞美诗》（*Sumerian Temple Hymns*）是一本献给月神南纳的诗集。南纳掌管爱、生育、美丽、战争、权力和金星等。在写作过程中，恩西杜安娜表达了个人梦想，也开了先河：她是迄今为止世界文学史上第一位署名作家，并将地球上人类思想和月球联系了起来。

· 最早记载的月神塞勒涅（约公元前 7 世纪）

《恩西杜安娜的圆盘》（*The Disk of Enheduanna*）描绘了美索不达米亚月神庙的月神女祭司恩西杜安娜（左二）与三位祭司在主持一个仪式。

龍

公元前 22 世纪

中国上空的日月相遇 013

人类历史上，有很多关于日食或月食的记录，因为对其成因缺乏了解，人们对此现象感到十分恐惧。其中一次著名的日食发生在中国夏朝仲康时期（大约公元前 2159—公元前 2146 年）。据记载，有一天，仲康对天空忽然变暗感到很恼火，那时他还不知道这种现象是月球运行到地球和太阳之间，挡住了太阳光而形成的。让他更为恼怒的是，百姓们还为此敲锣打鼓，吵吵闹闹。（百姓们其实是想用这种方式吓跑“吃太阳的龙”，结束日食。）

当太阳再次出现在天空时，仲康饶恕了他的子民，但非常严苛地处罚了未能及时预测到重大天象的天文官，将他们当场斩首。以此来警示新晋的天文官们必须准确地预测天体事件的发生。《尚书》里也描述了多年后的一次日食，一切都没有改变。公元前 2134 年，另一位新的统治者坐上了王位，但他仍然对那些未能准确预测出日食的天文官执行了死刑。

中国古代的天文官是个非常危险的职业。那时的天文学家还没有足够的资料和知识来预测日食发生的时间，但是他们已经开始隐约觉察到日食发生的原理。之所以这么说，是因为在《尚书》记载的日食中并没有提到“龙吞日”的故事，而是指出“日月会不睦而遇”。因此，到公元前 2134 年，中国古代的天文学家就已经知道了日食与日月相遇有关。他们也逐渐认识到日食的本质是月球经过太阳前方，挡住了太阳部分或全部的光线。

· 亚述日食（公元前 763 年）、泰勒斯阻止了一场战争（公元前 6 世纪）

中国古代许多人都认为日食是“龙吞日”造成的。

公元前 22 世纪—公元前 21 世纪

苏美尔阴历

以耕种为生的古代河流文明的人们靠天吃饭，以土地为生。因此，他们需要一种精确的计时方法来预测土地何时会遭遇洪水，又何时会发生干旱。在古埃及，祭司会特别留意天狼星，它是全天最亮的一颗恒星。黎明前，当天狼星从东方升起，尼罗河便开始泛滥。但对于美索不达米亚的苏美尔人来说，由于幼发拉底河和底格里斯河的洪水泛滥并没有和某个星辰相对应，所以他们的历法完全依赖于月亮和太阳。

在美索不达米亚北部亚述的尼尼微城的一片废墟中发现的《当天神和恩利勒神》(*Enuma Anu Enlil*) 占星术泥板，大约由 70 块泥板组成。它可追溯到公元前 7 世纪，其中有两片泥板记录了大约 14 个世纪以前（约公元前 2200 年）发生的多次月食。这个时期，阿卡德萨尔贡的后裔失去了南方的统治权，当时的苏美尔国王（乌尔城的第三王朝）自立为王。因此，苏美尔天文学家将早期的天文学记录加以整合，使之成为历法系统的一部分。这套系统非常精准，足以运用于他们日趋复杂的社会生活。毕竟，随着工商业逐步发展和早期《乌尔纳姆法典》(*Code of Ur-Nammu*) 的颁布，人们迫切需要准确的时间。

但是，在当时无论是包含所有固定天数的太阳年系统还是包含 12 ~ 13 个月的太阴年系统，都只能使用一小段时间。大约经过一代人之后，日历上显示的夏季实际上在现实中为冬季，反之亦然。所以，为了更准确地记录时间，并应用于乌尔城第三王朝时期的人们的生活，人们必须非常精确地理解太阳和月球的运动规律。因此，到了公元前 21 世纪中叶，正式的阴历系统随即就在乌尔城，乃至在整个苏美尔开始普及。

另参见 · 复杂的阴历系统（公元前 18 世纪—公元前 17 世纪）、那布那西尔制定标准阴历（公元前 747—公元前 734 年）

《当天神和恩利勒神》的 70 块泥板之一。这些泥板是用美索不达米亚的楔形文字书写的。

公元前 18 世纪—公元前 17 世纪

复杂的阴历系统

在公元前 18 世纪，苏美尔各城邦受巴比伦国王汉谟拉比（Hammurabi，约公元前 1792—公元前 1750 年在位）的统治。著名的《汉谟拉比法典》加强了他的统治。他将律法强加给当时的人们，还促进了第一个巴比伦帝国繁荣的国际贸易，并且激励了各地民间组织的形成。正是在这段时间里，苏美尔的尼普布尔市建立了官方使用的阴历，阴历中的年份从春天的尼散月第一天开始。

我们的祖先从地球上观测月球，发现月相的更替周期是 29.5 天，月相从新月、蛾眉月、上弦月、凸月、满月，然后再到亏月、下弦月、残月、新月，逐渐消失至不见。从地球观测的月相周期，即月相从朔（新月），经过望（满月），再次回到朔的过程，被我们称为朔望月；月球绕地球 360° 旋转的时间（27.3 天），被我们称为恒星月。朔望月要比恒星月长，之所以需要额外的 2.2 天，是因为地球绕太阳公转，所以月球需要绕地球公转超过 360°，才可以观测到一个完整的月相周期。（译者注：如果月球只绕地球公转 360°，地球其实已经不在一个月前的位置了，无法观测到完整的月相。）

但是在日历中使用“半天”来计时并不实用，因此古代苏美尔阴历是由 29 天和 30 天相互交替进行的。在每个月的开始和结束时是新月，而在每个月的中间是满月。最初在汉谟拉比国王及其继任者的统治时期，这种阴历系统很实用，但是在历法系统中，12 个月只有 354 天，所以它与以前使用在农业上的 365 天的阳历不同。为了解决这个问题，各个城邦增加了第十三个月。这样做可以解决部分问题，但不统一的历法也困扰着整个国民，使帝国有些混乱，因此帝国需要协调各方。

· 苏美尔阴历（公元前 22 世纪—公元前 21 世纪）、那布那西尔制定标准阴历（公元前 747—公元前 734 年）

这幅石板画描绘了汉谟拉比国王对美索不达米亚太阳神沙玛什的崇拜。

公元前 1046—公元前 256 年

中国周朝的月亮观测与记录

016

在中国古代，无论皇家还是民间，祭祀都是一项非常重要的活动。特别是皇家，十分重视祭祀日月天地，用以维护统治者的合法性、祈祷风调雨顺。早在周朝时期（约公元前 1046—公元前 256 年），帝王就有“春分祭日，夏至祭地，秋分祭月，冬至祭天”的礼制，祭祀的场所分别被称为日坛、地坛、月坛和天坛。周朝的《国语·周语·内史过论晋惠公必无后》中也有记载“古者，先王既有天下，又崇立于上帝、明神而敬事之，于是乎有朝日、夕月以教民事君”，这里的“夕月”指的就是（在秋天）祭拜月亮，说明周朝时就有祭祀日月、教导民众侍奉君王的礼仪。周朝还有掌天文的官员冯相氏，他不仅测定气候季节的变化，如冬至、夏至测度日影的短长，春分、秋分测度月影的短长，据以辨别四季；还观测日月星辰的位置、月亮盈亏变化等天象。

从出土的周朝时期的青铜器上，经常可以看到其金文（铸造在青铜器上的铭文）有“初吉、既生霸、既望、既死霸”等字样，这些是西周时期重要的月相名词。虽然后世学者对它们具体指代的日期持不同观点，但这些名词的确说明周朝已经很注重月亮盈亏的观测和记录了。西周晚期的兮甲盘铭文载：“隹五年三月既死霸庚寅，王初格伐玁狁于（余吾），兮甲从王……”其中，“五年”是宣王五年（公元前 823 年），根据月相（既死霸）与天干地支（庚寅），可以考证出这里提到的日期是 3 月 24 日。周朝初期的典籍以及金文里的这些月相记录表明，当时的人们对月亮的盈亏变化规律已有了一定的认识，并能将它们系统地记录下来。这些观测与记录，为后来历法的制定与完备提供了重要基础，也给历史学和考古学留下了宝贵的参考资料。

另参见 · 希腊人认识月相（公元前 5 世纪）、东方天文学家持续观天（500—800 年）

兮甲盘铭文拓本。

公元前 763 年

亚述日食

017

天文学和数学是一起发展起来的，随着时间的推移，它们互相促进，各自都变得越来越复杂。但最初，天文学并不是一门了解宇宙如何运转的科学。更确切地说，数千年来，天文学是一门占星术，根据众神在天空中的运动，来预测他们对地球的启示和影响。

公元前 8 世纪，各个社会中仍然存在着各种各样的神，但人们普遍认为太阳和月亮是地球上的事情成败的关键因素。当太阳变暗、月亮变暗或变红，以及出现如今被叫作“彗星”等天象时，人们便会认为是某种预兆。在公元前 8 世纪，美索不达米亚各地的许多迷信都与天体的光变有关。因此，公元前 763 年，亚述的尼尼微城发生的日全食被视为是全世界的厄运，连当时权力最大的贵族也这么认为。当时战斗失败的国王将失败归咎于日食；赢得战斗的国王看到太阳重现光明，认为这是众神选中他们的标志。宗教传教士如果能准确地预测日食，那么曾经被忽视的他们便会突然赢得大量的追随者。据推测，《圣经》中约拿的故事，可能就与著名的尼尼微日食有关。

尼尼微日食到来时，人们或喜或忧，但是美索不达米亚天文学家还跟往常那样记录了这一事件，就像他们的祖先记录三百年前的一次日食，以及其他许多日食和月食一样。在美索不达米亚，巴比伦地区亚述以南的天文学家非常勤奋地记录着天文观测。

· 中国上空的日月相遇（公元前 22 世纪），泰勒斯阻止了一场战争（公元前 6 世纪）

此图描绘了国王阿修尔丹三世（Ashur-dan III，公元前 772—公元前 755 年在位）正在观看尼尼微月食，当时这被认为是众神不悦的预兆。

公元前 747—公元前 734 年

那布那西尔制定标准阴历

如果问，谁是公元前 8 世纪“崇尚科学“的领导人？那布那西尔国王就是。公元前 747—公元前 734 年，那布那西尔统治了巴比伦。他是苏美尔人，知道修正阴历的方法是在阴历年中增加额外月份，同时他也希望所有城市都遵循标准化的历法。结合天文记录和计算，那布那西尔王朝的天文学家意识到 235 个月几乎恰好相当于 19 个太阳年。于是他们在 19 年周期中混合阴历和阳历，其中有 12 年每年有 12 个月，还有 7 年则需在特定时间增加第 13 个月。公元前 432 年，希腊天文学家默冬（Meton）在雅典也实施了同样的历法。数百年后，在内哈达的犹太人天文学家塞缪尔（Samuel，约 165—254）将巴比伦的历法转变成犹太历法，与那布那西尔国王使用历法一样，也是 19 年一个周期。

与此同时，那布那西尔王朝的天文学家还了解到，每隔 223 个朔望月（即 18 年 11 天又 8 小时），日食会在地球上某处重复发生。经过三个周期（54 年 34 天）后，日食将在几乎相同的地理位置上重复发生。这种周期模式被称为“沙罗周期”，在这期间还会更为频繁地发生月食，这意味着日食是可以预测的。

那布那西尔王朝的天文学家也是占星师，他们本希望利用天体运动来预测未来。但是，他们发现日食是可以预测的，这意味着月球和太阳的运动只是物理现象，并不神秘。当时的天文学家可能没有想到这些，但是古希腊的思想家很快就注意到这一点，最终让天文学完全脱离了占星术。当时，在数学上，古巴比伦比古希腊领先几个世纪，并且古巴比伦人有精确地测量大自然的能力，这是促进科学进步的重要因素。而古希腊人擅长利用模型来解释大自然，这对科学进步也同样重要。

· 苏美尔阴历（公元前 22 世纪—公元前 21 世纪）、看到新月的第一缕光（11 世纪）

这片残片显示了混合的阴历和阳历法的残迹，该历法是那布那西尔王朝的天文学家根据观察制成的。

约公元前 7 世纪

最早记载的月神塞勒涅 019

考古学研究发现关于月神记录的年代可以追溯到古希腊诗人莎孚（Sappho，约公元前 630—公元前 570 年，那时希腊正从黑暗时代崛起）描写的月神塞勒涅（Selene）。塞勒涅是人类文化中最著名的月亮女神之一，许多世纪以来，关于她的故事口口相传。到了莎孚的时代，塞勒涅不仅仅被认为是月神，而且被认为是与月球融为一体的。几个世纪之后，希腊人又开始将塞勒涅与阿波罗（Apollo）的孪生姐妹阿尔忒弥斯（Artemis）以及巫术女神赫卡忒（Hecate）联系在一起。因此，阿尔忒弥斯和赫卡忒也成了月亮女神，但是她们与塞勒涅不同，只有塞勒涅能象征月亮。

与众多希腊神灵一样，关于塞勒涅月神的诗集描写的都是她的浪漫生活。其中有一个著名的故事，描述的是塞勒涅爱上了一个叫恩底弥翁（Endymion）的人的故事。由于塞勒涅是永生的，她希望她的伴侣也是如此。因此，她向宙斯（Zeus）请求给予恩底弥翁永恒的生命。她的姐姐黎明女神厄俄斯（Eos）也曾请求宙斯让自己的人类丈夫永生，宙斯答应了她的请求，但厄俄斯忘了求宙斯让她丈夫还能拥有永恒的青春，所以她的丈夫快速变老，最终缩成了一只小蟋蟀。为了避免犯姐姐同样的错，塞勒涅请求宙斯授予恩底弥翁永恒的青春。为了让恩底弥翁永葆青春，宙斯只能让他永远沉睡。塞勒涅虽然为恩底弥翁生了五十个女儿，但为了让丈夫永生，她其实是嫁给了一个沉睡的男人。

许多学者对希腊人是否真的相信这些神话表示怀疑，塞勒涅和恩底弥翁的故事就是一个值得怀疑的例子。而关于月神塞勒涅的故事一直广泛流传，这说明世界各地的人们也像古希腊人一样，热衷于讲述关于月球的各种神话。

· 人类历史上第一位署名作家（公元前 23 世纪）

意大利画家乌巴尔多·甘多尔菲（Ubaldo Gandolfi，1728—1781）创作的《塞勒涅和恩底弥翁》（*Selene and Endymion*，约 1770 年创作），画中描绘了希腊月亮女神塞勒涅在爱神厄洛斯（Eros）的陪伴下望着自己的丈夫恩底弥翁。

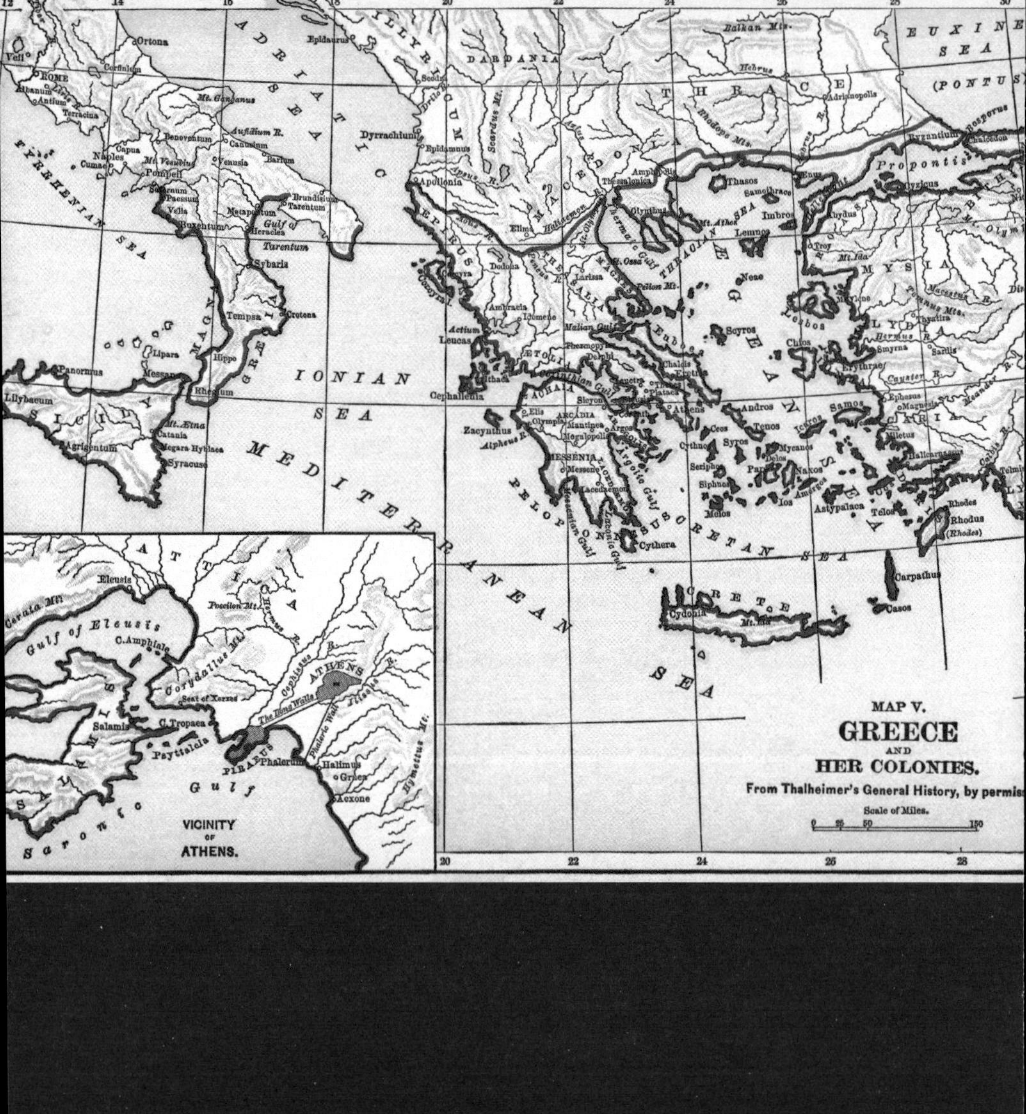
MAP V.
GREECE
AND
HER COLONIES.
From Thalheimer's General History, by permis
Scale of Miles.
VICINITY
OF
ATHENS.
IONIAN
SEA
MEDITERRANEAN
SEA
EUXINE
SEA
(PONTUS)
CRETAN SEA
ADRIATIC SEA

公元前 6 世纪

非宗教天文学的开端 020

20 世纪的物理学家理查德·费曼（Richard Feynman，1918—1988）指出，现代物理学依赖于巴比伦式的数学方法，这种用数学来表述问题的方法能让人们概括性地发现自然规律。相比之下，希腊思想家欧几里得（Euclid）则运用逻辑的基本规则，从真理（我们称之为公理）出发，推导出更复杂的定理。欧几里得的方法在公元前 300 年前后才得到蓬勃发展，而早在几个世纪以前，古希腊思想家就首次运用这种推导方法尝试定性理解自然了。

为了从本质上了解月球、太阳和行星，古希腊天文学家不得不采用定量分析法。他们需要借鉴古巴比伦的天文学方法，通过乏味的天文观测收集大量的数据，加以数学计算和分析。之后，他们再把这些收集到的数据和希腊式定性的、概念性的分析方法结合起来给出结论。

概念研究方法源自公元前 6 世纪的爱奥尼亚人。爱奥尼亚由现代土耳其西海岸的岛屿和城市组成。居住在那里的古希腊人认为自然是可知、可预测的，自然界的运转和众神的意愿无关。米利都的泰勒斯发起的“去神秘主义”的世界观解放了爱奥尼亚人的思想。他们提出了自然现象的物理模型，这对于科学的发展至关重要。

但是泰勒斯却遭到了另一批古希腊哲学家的反对，他们来自希腊的另一端，当时意大利南部的殖民地——大希腊（Magna Grecia）。一些大希腊的哲学家最早意识到月亮是球形的，而不是盘状的。还有一些大希腊的哲学家将数学引入希腊天文学分析中。但是大希腊人并不崇尚科学，他们宣扬神秘主义，轻视实验。具有影响力的神秘学派还压制并阻碍新的科学发现。具有讽刺意味的是，这个颇具影响力的神秘学派创始人毕达哥拉斯（Pythagoras，约公元前 570—公元前 495 年）出生于爱奥尼亚中部的一个小岛——萨摩斯岛，他最初是泰勒斯的学生。

· 泰勒斯阻止了一场战争（公元前 6 世纪）、球形和谐（公元前 6 世纪）

绘制于 19 世纪晚期的《古希腊地图》。

公元前 6 世纪

泰勒斯阻止了一场战争

021

如果两千六百年前有诺贝尔和平奖，那么它必属于米利都的泰勒斯。泰勒斯出生于古巴比伦崛起之际，当时各种学术思想呈现出前所未有的繁荣，泰勒斯对数学和天文学产生了极大的兴趣。米利都（爱奥尼亚的一个城市）是吕底亚王国的一部分，泰勒斯后来去了巴比伦，在那里他获得了许多古巴比伦的天文著作。他通过各种方式了解到月食和日食的沙罗周期，发现这与他的自然主义思想相吻合。

在吕底亚战争中，泰勒斯知道敌国米提亚的指挥官没什么能耐，就警告他说这段时间众神要求休战。为了证明这一点，他说众神将在公元前 585 年春季某特定的日子里让太阳变黑。泰勒斯根据沙罗周期进行计算后发现，这期间应该会发生一次日食。他的计算内容实质上就是计算月球运动到太阳前的时间，实际上，那时他并不了解这些天体运动。当日食发生时，战争停止，泰勒斯也在爱奥尼亚获得了极大的声誉。许多学生蜂拥至米利都，与泰勒斯一起研究自然。从萨摩斯岛乘船而来的毕达哥拉斯就是其中一位。

当时的米利都是一个富裕的港口城市，但那里的居民对其统治者并不诚服。他们的思想大多都很独立，对各种新思想持有开放的态度，也许这是因为米利都人从海上贸易商那里获得了许多不同的想法。因此，泰勒斯和其他米利都人开始以激进的思维来看待这个世界。比如，他们提出地震是海浪袭击陆地引起的，而各大洲是由海洋沉积的淤泥所形成的。尽管他们的这些想法最后都被证实是错误的，但我们看到了他们思想的与众不同。因为不涉及神灵，所以他们的观点是可以拿来检验和证伪的。泰勒斯以及他的追随者之所以独具一格，是因为他们通过观察、分析甚至用实验手段来解释大自然，在他们看来大自然是可以被理解的。

· 中国上空的日月相遇（公元前 22 世纪）、亚述月食（公元前 763 年）、那布那西尔制定标准阴历（公元前 747— 公元前 734 年）、非宗教天文学的开端（公元前 6 世纪）

荷兰画家兼雕刻家雅各布 · 德 · 盖恩（Jacob de Gheyn）1616 年创作的古希腊天文学家泰勒斯画像。17 世纪的荷兰人在镜片制作领域处于世界领先地位，因此盖恩给泰勒斯不合时宜地戴上了一副眼镜。泰勒斯预测了公元前 585 年春季的某天会发生日食。

公元前 6 世纪

球形和谐

萨摩斯的毕达哥拉斯观察到月球明暗界线（也就是分隔月球上白昼和黑夜的晨昏线）的曲率后，也许是天文观测激发了灵感，他是最早提出月亮是球形的人。由于毕达哥拉斯是泰勒斯的学生，因此他领先于同辈人，很早就知道晨星（启明星）和昏星（金星）是同一天体。虽然这些认知都来源于天文观察，但毕达哥拉斯并不推崇天文观察，他认为我们可以纯粹靠思索来认识宇宙。

毕达哥拉斯在埃及生活了多年之后，又去了巴比伦，之后他提出了著名的毕达哥拉斯定理（勾股定理），即直角三角形的斜边的平方等于该三角形的两条直角边的平方之和。实际上，这个定理并不是毕达哥拉斯最早发现的。古代埃及人和巴比伦人很早就在实践中使用这个定理，毕达哥拉斯不过是在巴比伦时基于这个定理发展了三角学。但也正是由于毕达哥拉斯将数学定理引入了希腊，后来的科学家才开始用数学工具认知大自然。

然而，对于毕达哥拉斯来说，数学并不仅仅只是工具，还是一种信仰。关于"球形月亮"的概念，部分源于毕达哥拉斯在意大利克罗顿殖民地创立的神秘主义学派——毕达哥拉斯学派。毕达哥拉斯学派认为天空中存在"球形的和谐"，月亮、行星不仅是球形，而且是完美的球形，沿完美的圆形轨道运动，每个球体都会产生特定的音符，奏响宇宙乐章。除了不愿观察外，毕达哥拉斯还经常压制与他的完美概念相矛盾的新发现。其中就压制过他一个学生的发现——整数 2 的平方根是无理数，因为它无法用两个整数的比率表示。

有传言称毕达哥拉斯为了让那个学生闭嘴，就杀了他。其实毕达哥拉斯并不需要用暴力来扩大神秘主义的影响力。不久后，哲学家柏拉图（Plato，约公元前 427—公元前 347 年）就完全接受了毕达哥拉斯的神秘主义，完善了"完美的球体""圆形的轨道""观察无用"等理念，还制定出阻止科学发展的教义。这在未来的几个世纪里，都严重阻碍了科学的发展。

• 非宗教天文学的开端（公元前 6 世纪）、泰勒斯阻止了一场战争（公元前 6 世纪）、地球在月球上的弯曲阴影（约公元前 350 年）、完美天体被毁（约公元前 350 年）

18 世纪的一幅蚀刻版画，画中的毕达哥拉斯这一形象出自 1511 年意大利画家拉斐尔（Raphael，1483—1520）的画作《雅典学派》（*The School of Athens*）。

ΑΝΑΞΑΓΟΡΑΣ

公元前 5 世纪

阿那克萨戈拉受审 023

当被问及生命的意义是什么时，克拉佐美尼的阿那克萨戈拉答道：“研究太阳、月亮和星星。”这是多么完美的回答啊！他也是第一个明确指出“月亮不是神”的人。他认为，月球是地球抛往太空的一块岩石，只反射太阳光，太阳也不是神，是一块燃烧的石头。阿那克萨戈拉的这些想法能够解释日月食现象。他还提出，月球变暗一定是由于月亮、地球和太阳排成一线，导致月亮落在地球的阴影里。同样，他认为太阳的变暗一定是因为月亮直接经过了太阳前方。阿那克萨戈拉是正确的，并至死都坚定不移地捍卫自己的观点，阿那克萨戈拉曾因不敬畏神而在雅典受到审判，差点被判处死刑。

这样的审判，竟然发生在雅典的伟大政治家伯里克利所在的时代（约公元前495—公元前 429 年）。当时的民主制蓬勃发展，人们的思想也逐步解放。宽容与合作是阿那克萨戈拉一生的追求。青年时期，他曾目睹雅典与斯巴达一起将波斯帝国从爱奥尼亚驱逐。之后，阿那克萨戈拉前往雅典，在那里，他与伯里克利亦师亦友。为了试图调和一场关于“存在的本质”的辩论，辩论双方是来自埃里亚的神秘主义者巴门尼德（Parmenides，约公元前 515—公元前 450 年）与信奉自然主义的爱奥尼亚人，阿那克萨戈拉提出所有物质都有种子，他认为我们可以将这些种子在太空中传播，这样就可以在更多的星球上孕育出新生命。

然而，由于伯里克利的一些错误决策，引发了希腊和斯巴达的伯罗奔尼撒战争。伯里克利的反对者为了从政治上削弱他，便开始迫害伯里克利身边的朋友。历史学家们非常肯定，在书中确有记载他们用法典来审判阿那克萨戈拉的事件，这与之后审判苏格拉底的记载如出一辙。值得庆幸的是，伯里克利在判决执行之前已设法将阿那克萨戈拉从监狱中解救了出来。之后，阿那克萨戈拉在流亡中度过了余生。

· 月球地质时代之哥白尼纪的开始（11 亿年前）、希腊人认知月相（公元前 5 世纪）、东方天文学家持续观天（500—800 年）、科学家思索月球起源（1873—1909 年）

阿那克萨戈拉的画像，他准确地描述了日食是由月球在太阳前方经过而产生的。

Iconismus · XXI · Folio · 557 ·

Sciathericum · seleniacum · siue · lunare · expansum

CRESCENS LVNA

LVNA DECRESCENS

LVNA CRESCENS

LVNA DECRESCENS

公元前 5 世纪

希腊人认识月相

024

每个月，月相都从狭窄的月牙形扩展成半个圆形和凸月形，直至满月，然后再次缩小到完全黑暗（新月）。要了解月相为什么会如此变化，我们首先要知道月球不会发光，月光是太阳光的反射。而且月球是一个球体，它的位置相对于地球和太阳而言在不断变化。由于月球是球形，它总有一半表面会被照亮，但只有当太阳和月亮在地球的两端，几乎在一条线上时，我们才能完整看到月球被照亮的一面。当太阳、地球和月亮完美地在一条线上时，地球的阴影落在月球上，我们就会看到月食，但大多数月份里都不会发生月食。另一方面，当地球、月球和太阳几乎在一条线上，月球位于太阳和地球之间时，被照亮的一面都背向地球，所以看到的月球是完全黑暗的，这就是新月。如果月球恰好在地球和太阳之间经过，那么地球上某处就会发生日食。大多数月份不会发生日食，但是每个新月时，月球被照亮的一面几乎面向太阳，因此我们看到的月球都是黑暗的。

随着太阳、地球和月球之间的夹角变大，我们会看到越来越多的月球被照亮，这就是盈月。在朔望月的下半月，随着角度的减小，我们会看到亏月。公元前 5 世纪，克拉佐美尼的阿那克萨戈拉知道了月球本身无法发光后，就已经掌握了月食和日食的发生原理。我们无法得知，他是否是用上述概念来解释月相的，但是同时代的两位哲学家恩培多克勒（Empedocles，约公元前 495—公元前 435 年）和巴门尼德（Parmenides，约公元前 515—公元前 450 年）也认为月光其实就是反射的太阳光。巴门尼德曾这样诗意地描述了月亮："总是伫望阳光。"这表明，公元前 400 年，古希腊世界就已经对月相变化有了基本认识，这比一个世纪后，来自斯塔吉拉的亚里士多德所提出的理论更加简明易懂。

另参见

· 地球在月球上的弯曲阴影（约公元前 350 年）、阿那克萨戈拉受审（公元前 5 世纪）、完美天体被毁（约公元前 350 年）

这幅 17 世纪的版画展示了一个阴历月中月亮的 28 个月相变化。

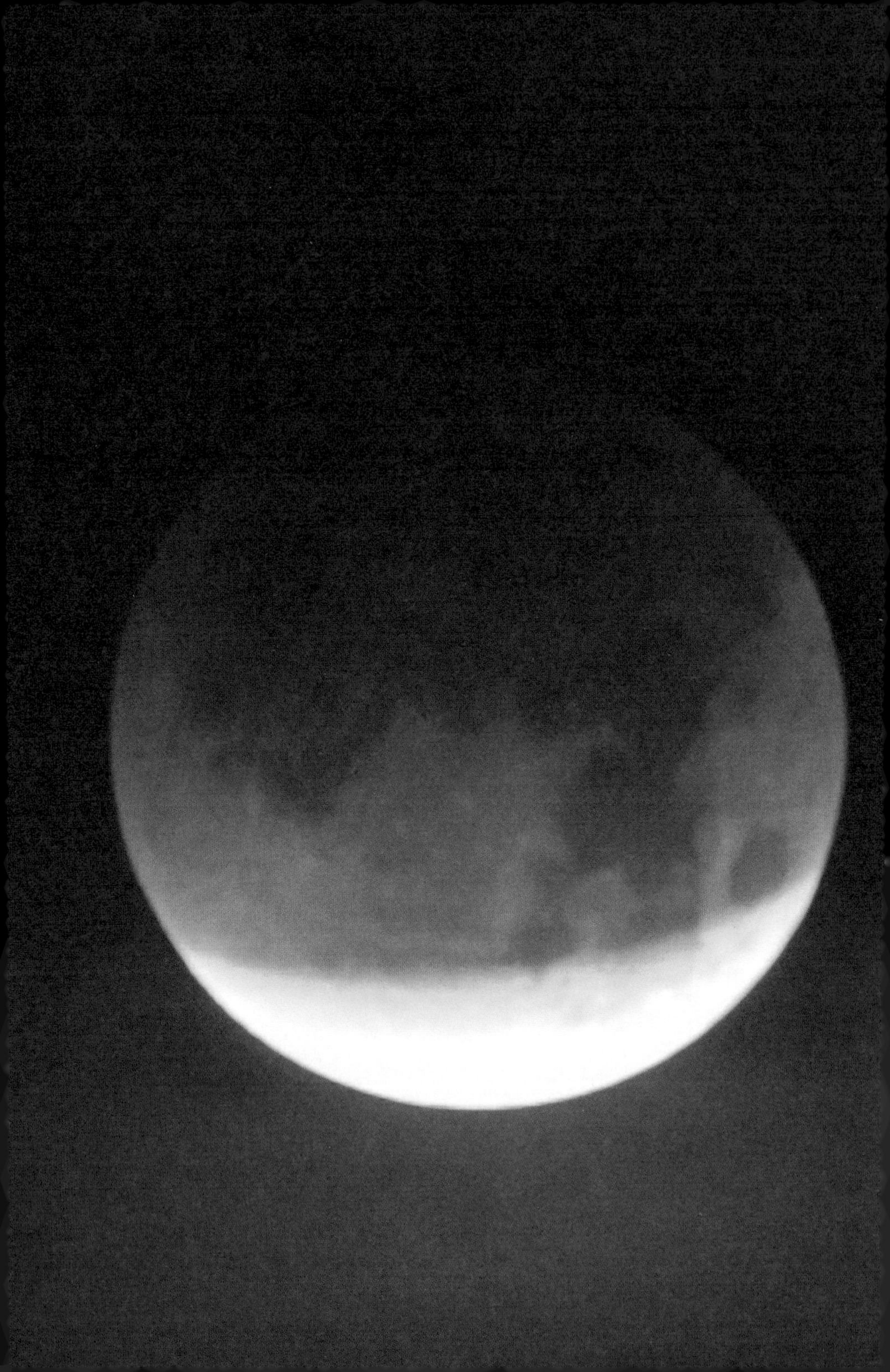

约公元前 350 年

地球在月球上的弯曲阴影

在古人认识到“我们生活的地球是圆的”这个问题上，月球发挥了重要作用。明确提出“地球是球形”的概念最早可以追溯到古希腊的毕达哥拉斯，他极其崇拜球形。尽管毕达哥拉斯后来不推崇通过观测来认识宇宙，但他对“球形地球”的思考很有可能来自对自然的观察，至少最初他是从观察得到的。航海对毕达哥拉斯长大的萨摩斯岛，以及其他古希腊地区的经济至关重要，因此，公元前 6 世纪的爱奥尼亚人也很可能已经推断出地球表面是弯曲的。当有船只从远处驶近港口时，人们会注意到，首先看到的是船桅杆，在看到船体之前，桅杆会逐渐变高，船在靠近时也会逐渐升起。同样地，当船上的水手们在接近岛屿时，先看到的是山顶，然后是山脚，而当船驶出港口时，则会看到相反的情形。这些常识都是“弯曲的地球表面”的证据。现在我们在海边观察船只时也会看到这些现象。

除此之外，古人还有其他证据，但直到公元前 4 世纪，才有人将这些证据综合分析并系统地提出——地球确实是个球体。这个人就是来自斯塔吉拉的亚里士多德。在记述有关船桅杆观察结果的同时，亚里士多德还指出，当人们在南北方向远距离旅行时，会看到北极星及其附近的星座的高度变化。在平坦的地球上，人们是不会看到这种现象的。亚里士多德还指出，另一个证据是在发生月食时，天文学家们总会观测月球上地球影子的弯曲边缘，这说明地球表面各个方向都是弯曲的。

· 完美天体被毁（约公元前 350 年）、弦月和日心说（公元前 3 世纪）、看到新月的第一缕光（11 世纪）

这是一张于 2018 年 1 月 31 日清晨拍摄的月食照片，它显示了地球投射在月球上的弧形阴影。

完美天体被毁

相比老师柏拉图，斯塔吉拉的亚里士多德更具有科学观。虽然他们都综合了毕达哥拉斯和巴门尼德的神秘主义哲学与爱奥尼亚人的自然主义，但是柏拉图倾向于神秘主义，而亚里士多德则更推崇爱奥尼亚人的自然主义思想。亚里士多德非常提倡爱奥尼亚人的经验主义，即知识必须通过经验感受而获得。通过观察尼罗河中淤泥沉积，米利都的爱奥尼亚人泰勒斯推测，整个世界上的陆地可能都是由原始海洋经过淤泥沉积形成的，跟尼罗河的淤泥沉积过程一样。后来，通过观察幼鱼和人类之间的差异，以及骨架化石，泰勒斯的学生——米利都的阿那克西曼德（Anaximander, 公元前 610—公元前 545 年）提出了早期生物进化假说。爱奥尼亚人通过经验观察推测未知世界，认识到了大自然总在不断变化。

亚里士多德广泛接受爱奥尼亚人的经验主义，也赞同地球上的事物变化，例如生物进化。然而，当涉及天体现象时，亚里士多德却赞同毕达哥拉斯神秘主义哲学。毕达哥拉斯神秘主义认为天体都是完美球体，并沿完美的圆形轨道而运动。亚里士多德还支持巴门尼德的断言：完美的天体是永恒不变的。因此，亚里士多德的宇宙观是“天上的恒星、太阳和行星都是完美而永恒的，但是地球却堕落了，因此不完美了”。为了解释月球表面的暗区特征，亚里士多德认为月球挨着地球，因地球上的生命（人类和其他生物）而被玷污。

· 弦月和日心说（公元前 3 世纪）、月球上的脸（1—2 世纪）、《天文学大成》（约 150 年）、看到新月的第一缕光（11 世纪）

1511 年，意大利文艺复兴时期的画家拉斐尔在《雅典学派》中描绘了许多古代雅典学者。站在正中间的两位分别是柏拉图（左）和亚里士多德（右）。

公元前 3 世纪初

亚历山大图书馆

在古代，月球带动了天文学的出现，而天文学又推动了整个科学的发展。到了公元前 3 世纪，科学集中在埃及的亚历山大城。该城的创建者，马其顿的亚历山大（Alexandria，公元前 356—公元前 323 年）是科学的拥护者，他最信任的将军“救世主”托勒密一世（Ptolemy I Soter，约公元前 367—公元前 282 年）同样也是。托勒密一世后来成为埃及的统治者，是托勒密王朝的创始人，这个王朝一直延续到著名的克利奥帕特拉七世（Cleopatra VII，公元前 69—公元前 30 年），她就是我们所熟知的“埃及艳后”。在托勒密一世统治的 41 年期间，他监督建造了一个巨大的研究中心——亚历山大博物馆。之后，他的儿子托勒密二世菲拉德尔福（Ptolemy Ⅱ Philadelphus）继续建造这个博物馆，其中包括实验研究中心、动物研究所、医学院，并为来访的研究人员提供住所，还为皇室供养了许多学者。最终，亚历山大博物馆与图书馆合并，其中图书馆里收藏的最古老的书是从雅典运来的亚里士多德的私人藏书。

亚历山大的图书馆和博物馆历经了六个世纪的风风雨雨，在托勒密二世（公元前 285—公元前 246 年在位）和托勒密三世（公元前 246—公元前 222 年在位）统治时期学术活动最为活跃。在托勒密王朝的早期，图书馆的藏书规模约为 50 万到 100 万册。购置书籍的价格非常高昂，亚历山大城的警察都被派到船只上寻找新书籍，然后将新书带回图书馆，让抄写员誊录在纸莎草纸上，供学者使用。

常驻图书馆的学者包括亚历山大的几何学家欧几里得，还有对月球科学的发展起到至关重要作用的天文学家、物理学家和数学家，包括昔兰尼的厄拉多塞、锡拉库萨的阿基米德和克罗狄斯·托勒密（Claudius Ptolemy，约 90—168）等。亚历山大图书馆还有一名来自爱奥尼亚的研究学者，他将几何学和精确的测量方法结合在一起，在后来几个世纪中改变了天文学的发展方向，并在月球的观测上发挥了重要作用。他就是来自萨摩斯岛的阿利斯塔克，接下来我们就要讲述关于他的故事。

· 非宗教天文学的开端（公元前 6 世纪）、阿利斯塔克测量月球直径和月地距离（公元前 3 世纪）、弦月和日心说（公元前 3 世纪）、厄拉多塞计算地球周长（公元前 3 世纪）、《数沙者》（公元前 3 世纪）

这幅 19 世纪的版画展示了在亚历山大图书馆工作的学者们。图书馆存储了大量纸莎草纸书卷，例如这张图片背景中的书架上就是纸莎草纸书卷。

ad MB perpẽdicularis. parallela igitur est CM ipsi LX. est autem & SX parallela ipsi MR; ac propterea triangulum LXS simile est triangulo MRC. ergo vt SX ad MR, ita SL ad RC. sed SX ipsius MR minor est, quàm dupla; quoniã & XN est minor, quàm dupla ipsius MO. ergo & SL ipsius CR minor erit, quã dupla: & R multo minor, quã dupla ipsius RC. ex quibus sequitur SC ipsius CR minorẽ esse, quã triplã. habebit igitur RC ad CS maio

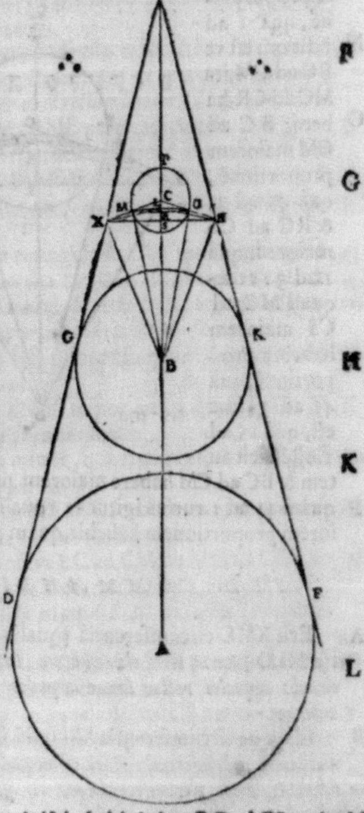

F

G

H

K

L

M

公元前 3 世纪

-阿利斯塔克测量月球直径和月地距离- 028

在希腊化时代（译者注：这是从公元前 330 年波斯帝国灭亡，到公元前 30 年罗马征服托勒密王朝的一段历史时期，19 世纪后，西方史学界认为当时古希腊文明主宰整个地中海东部沿岸的文明，所以称这段时期为希腊化时代。）月球观测对天文学的发展起到了关键作用。这时期的天文学家测量出月球的大小、计算出地球与月球之间的距离和地球与太阳之间的距离，还推算了这三个天体的相对大小，毫无疑问，萨摩斯岛的阿利斯塔克是这些科学发现的核心人物。萨摩斯岛属于爱奥尼亚，所以阿利斯塔克有爱奥尼亚人的特性，善于通过观察自然来寻求答案。阿利斯塔克虽然出生于萨摩斯岛，但他是在亚历山大城接受教育的，他的一生经历了前三个托勒密王朝。因此，阿利斯塔克选择留在埃及的大都市、使用亚历山大图书馆和博物馆以及皇家资助也就不足为奇了。

阿利斯塔克首次将希腊式的物理宇宙模型与巴比伦式的定量测量法相结合。从某种意义上来说，阿利斯塔克通过一系列观测计算，让月球走到了科学舞台的中心。其中一个观测方法是在月食过程中，月球从开始变暗到接近黑暗所需的时间，以及月球持续全食所需的时间，来计算出月球与地球阴影的相对大小。通过观测计算，阿利斯塔克得出地球直径约为月球直径的 3.5 倍。考虑到日食发生时，月球正好能遮挡太阳的光，因此阿利斯塔克意识到能将这种阻挡光的模型进行缩小。他在眼前放置一枚圆形硬币，当硬币处于某种特定位置时，就可以正好遮挡住满月的光，就像月球挡住太阳光一样。阿利斯塔克绘制了一个图表，使用简单的几何方法，计算出地球距月球约 35 个月球直径或 10 个地球直径的距离。虽然阿利斯塔克所测的地月距离仅为真实距离的三分之一，但是，他只用一枚硬币就可以进行天文测量，这是一个多么了不起的成就啊！不仅如此，阿利斯塔克的非凡之处在于：他通过月球，测量出了地球到太阳的距离。

· 撞击形成阿利斯塔克环形山（4.5 亿年前）、弦月和日心说（公元前 3 世纪）、厄拉多塞计算地球周长（公元前 3 世纪）、《数沙者》（公元前 3 世纪）

阿利斯塔克将硬币放在他的眼前遮盖满月后，绘制出了一张示意图，此图是原图的复印版。利用这张图，阿利斯塔克能计算出月球和地球的相对大小以及地月距离。

公元前 3 世纪

弦月和日心说 029

萨摩斯岛的阿利斯塔克以提出“地球绕太阳公转”的宇宙模型闻名于世，这是他基于自己的几项天文研究成果提出来的。阿利斯塔克在月球、地球和太阳的相对大小的草图中，展示了他的几何思想。然而，他最伟大的思想并没有被保留下来：阿利斯塔克认识到，月球在弦月相（上弦和下弦）时，地球、月球和太阳形成了直角三角形。

阿利斯塔克假设在弦月相时，有两条直线从地球中心出发，一条指向月球，另一条指向太阳，然后设法测量出它们之间的夹角。利用粗略的几何方法，阿利斯塔克计算出日地距离和地月距离比例，发现日地距离约是月地距离的 18 至 20 倍。现在我们通过更精确的测量，可以得到日地距离是月地距离的 400 倍，所以阿利斯塔克的测量结果减少了约 20 倍。这是因为弦月相时，阿利斯塔克粗略的角度测量结果为 87 度，而实际是 89 度 51 分。

因此，阿利斯塔克的观测方法是合理的，同时他对结果的推理也是正确的。如果太阳看起来与月球大小相同，但日地距离是月地距离的 20 倍，那么太阳大小约是地球大小的六倍。对于阿利斯塔克来说，巨大的太阳绕一个小小的地球运转似乎是荒谬的，但是一个世纪之前，斯塔吉拉的亚里士多德否定了以太阳为中心的宇宙模型。如果地球运动，那么天空中的恒星也会因恒星视差而发生移动。由于无法观察到恒星视差，亚里士多德也曾推断，天空中恒星肯定是距离我们无限远的。阿利斯塔克赞成亚里士多德的后一种解释，天上的恒星确实距离我们十分遥远。阿利斯塔克还提出，天上的恒星就像太阳一样本身会发光，它们也可能有自己的行星和生命。

· 撞击形成阿利斯塔克环形山（4.5 亿年前）、阿利斯塔克测量月球直径和月地距离（公元前 3 世纪）、厄拉多塞计算地球周长（公元前 3 世纪）、《数沙者》（公元前 3 世纪）

当月球处于弦月相（如图背景所示）时，地球、月球和太阳形成了一个直角三角形。通过测量角度 α，阿利斯塔克可以计算出地球与太阳之间的距离以及太阳相对于地球的大小。

公元前 3 世纪

厄拉多塞计算地球周长

在阿利斯塔克的计算中，地球到月球的距离以及地球到太阳的距离不是绝对的距离，而是相对比例。阿利斯塔克计算出地月距离是地球半径的 20 倍，而日地距离是月地距离的 19 倍，即 380 倍地球半径。为了将这些比例转换成绝对距离，从而得到月球的实际大小以及地月绝对距离，那就需要测量地球的大小。昔兰尼的厄拉多塞曾测定了地球大小，他和阿利斯塔克一样，都在亚历山大图书馆工作。实际上，厄拉多塞是亚历山大图书馆的首席研究员，他大部分时间都用于阅读和研究。那时的亚历山大图书馆和博物馆正蓬勃发展，从世界各地购入了大量书籍。

厄拉多塞在图书馆的一本书里获得了灵感，书中记录了在埃及南部城市色耶尼（Syene，现名阿斯旺）的夏至日正午时，太阳光会直射到一个深井底部，没有阴影。于是，厄拉多塞同样在夏至日的正午时分，测量亚历山大港的一座塔的阴影长度，这样就能计算出两个城市之间的地表弯曲度。它约为 360 度圆周的 1/50，所以地球的周长是亚历山大到阿斯旺距离的 50 倍。

为了获得亚历山大和阿斯旺之间的距离，厄拉多塞可能用了以下两种方法，一种是聘请测量师来进行直接测量，另一种是通过骆驼商队到达阿斯旺的速度和时间（需要 50 天）估算出。那时的希腊人使用锡拉库萨的阿基米德发明的里程表。不论厄拉多塞用的是什么方法，他发现两个城市之间的距离为 5000 个视距，这样地球周长为 252 000 个视距。（注：1 个视距是 1 个运动场的长度，不同类型的运动场有不同的长度。）厄拉多塞使用最短的运动场（约 185 米）作为视距单位，他据此计算出地球周长为 39 564 千米，这个数据仅比地球真实周长（40 076 千米）略小一些。

· 月球地质年代之厄拉多塞纪（32 亿—11 亿年前）、亚历山大图书馆（公元前 3 世纪初）、看到新月的第一缕光（11 世纪）

厄拉多塞利用位于今天埃及阿斯旺的这口井来计算地球的周长。

公元前 3 世纪

《数沙者》 031

锡拉库萨的阿基米德孕育了微积分思想的萌芽，除此之外，他还有许多机械发明，还发现了浮力原理，计算出了圆周率的数值，在很多科学领域都有贡献。毫无疑问，阿基米德的许多科学研究都与月球有关。

阿基米德在《数沙者》（*The Sand Reckoner*）一书中计算了月球、地球和太阳的大小比例。尽管没有观测到恒星视差（恒星在天空中位置的变化），但如果阿利斯塔克的“日心说”理论是正确的，那么阿基米德利用上述比例，计算出用 8×1063 粒沙能将整个宇宙充满。阿基米德既没有支持阿利斯塔克的“日心说”宇宙模型，也没有反对。他只需要一个初始值，就能通过其数沙计算方法来估算出整个宇宙大小。通过总结阿利斯塔克的研究成果，阿基米德将“日心说”理论整理并保留下来，但阿利斯塔克的原著则已遗失。

阿基米德曾在亚历山大城学习，但最后几十年是在他的故乡锡拉库萨度过的。位于西西里岛东部的锡拉库萨曾是迦太基帝国的领土。迦太基和罗马是相互敌对的两个帝国，公元前 212 年，罗马人围困锡拉库萨，阿基米德死于乱军之中。除了发明各种重型武器外，据说阿基米德还设计出一种鞋盒大小的计算器。这个计算器利用复杂的小齿轮系统进行独特计算，在阿基米德去世之后，他的学生继续研究开发这种计算器。

在之后的几十年中，阿基米德计算器或其组件促进了其他计算机器的发展，其中就包括一个在公元前 1 世纪的罗马沉船上发现的计算机器，据说它能够计算出月球、太阳和行星数百年的运动。近些年来，究竟是谁开创了计算机器的时代，一直是个有争议的话题。尽管尚无定论，但计算机器的设计应部分归功于尼西亚的喜帕恰斯。喜帕恰斯生活在阿基米德之后的大约一个世纪，被公认为是最伟大的古代天文学家之一。

· 月球“变脸”（39 亿—31 亿年前）、亚历山大图书馆（公元前 3 世纪初）、厄拉多塞计算地球周长（公元前 3 世纪）、安提基特拉机械（约公元前 100 年）

阿基米德肖像，约 1766 年意大利艺术家朱塞佩·诺加里（Giuseppe Nogari，1699—1766）所作。

公元前 2 世纪

用数学研究月球运动

032

尽管阿利斯塔克的“日心说”不被广泛接受，但他仍是科学界的革命者。他采用了古巴比伦的数学方法对月球和太阳进行定量测量。无论是在希腊化时代的美索不达米亚，还是整个希腊，这种新的天文研究方法都十分瞩目。在美索不达米亚，塞琉西亚的西流基（Seleucus，约公元前 190—公元前 150 年）首次提出月球引力会引发潮汐，潮汐现象的复杂性表明地球肯定处于运动状态的假说，因此他是少数几个支持“日心说”的古代天文学家之一。

与此同时，尼西亚的喜帕恰斯在希腊罗兹岛上进行天文研究工作。喜帕恰斯最著名的贡献是对八百多颗恒星的位置和亮度进行分类，并发现了岁差（地球自转轴以 26 000 年为周期进行进动）。他使用了算术和六十进制来研究巴比伦的天文观测资料。喜帕恰斯将巴比伦的数学方法和希腊的几何方法相结合，是西方世界三角学的开创者之一。

月球的运动是研究天体轨道运动的关键，喜帕恰斯重复了阿利斯塔克的测量，包括月球和地球的相对大小以及月球、地球和太阳之间的角度。公元前 141 年，喜帕恰斯利用日食更精确地测量了月地距离。他发现月地距离为 429 000 千米，仅比现在科学界公认的月地平均距离（384 400 千米）略大一些。

利用三角学知识，喜帕恰斯还证实了古巴比伦人的发现，即月球绕地球旋转时速度会发生变化。这说明“日心说”宇宙模型是正确的，并且月球的轨道为椭圆形，而不是圆形。尽管喜帕恰斯的发现是正确的，但是当时毕达哥拉斯–柏拉图的圆形轨道概念已经深深地根植于希腊人的意识形态中，所以喜帕恰斯最终并不认可阿利斯塔克的“日心说”。

· 非宗教天文学的开端（公元前 6 世纪）、阿利斯塔克测量月球直径和月地距离（公元前 3 世纪）、弦月和日心说（公元前 3 世纪），安提基特拉机械（约公元前 100 年）

这张 19 世纪的木刻版画描绘了希腊天文学家喜帕恰斯在观察亚历山大城的夜空。

约公元前 100 年

安提基特拉机械 033

为了既保留“天体运行的圆形轨道”模型，又能解释月球视运动的明显加速或减速，喜帕恰斯使用了早期天文学家，来自佩尔的阿波罗尼奥斯（Apollonius，约公元前 240—公元前 190 年）提出的两个概念。第一个概念是，月球圆形轨道的中心不是地球，而是轨道离心点。第二个概念是，轨道上的天体沿着本轮轨道作小圆周运动，同时叠加在一个较大的均轮轨道上。只要离心点位于均轮轨道的中心，喜帕恰斯就能模拟出月球绕地球公转时的速度变化。本轮运动也能解释在地球上观察到的行星逆行，即相对于恒星，行星运动方向是逆反的。

1900 年，希腊的海绵潜水员从一艘约公元前 65 年的古罗马沉船上找到一台青铜机器，沉船位置靠近现在的安提基特拉岛。自 20 世纪中叶以来，科学家们已经对这台青铜机器进行了各种成像研究，现在它被称为安提基特拉机械。从表面上看，它至少有 37 个微型青铜齿轮组传动装置，还有类似于中世纪才重新出现的钟表技术，但它更微型化。然而，安提基特拉机械并不是时钟，而是一台计算天文数据的机械计算机，能够计算月相，月球、太阳和行星的位置，日食和月食的周期，以及解释沙罗周期、默冬阴阳历（19 年为一周期）和其他各种横跨几世纪的周期。

科学家根据齿轮组的逆向工程、刻文分析和历史记录等来推测谁是安提基特拉机械的设计师。据史料记载，罗马演说家马库斯·西塞罗（Marcus Cicero，公元前 106—公元前 43 年）声称，他曾见过两个青铜齿轮装置，一个是阿基米德制造的，另一种是波赛东尼奥（Posidonius，约公元前 135—公元前 51 年）制造的，波赛东尼奥是喜帕恰斯的学生。齿轮组传动原理使用了数学上的傅里叶数原理来控制月晷（计时器），这说明安提基特拉机械的设计师使用了喜帕恰斯本轮的轨道模型，这个模型是喜帕恰斯在罗兹岛观测的基础上发展起来的。从齿轮装置中提取的其他信息也证明安提基特拉机械的设计师是喜帕恰斯或波赛东尼奥。安提基特拉机械的表盘上还刻录了科林斯日历。科林斯是一座古希腊城，是当时锡拉库萨的殖民地。

·《数沙者》（公元前 3 世纪）、用数学研究月球运动（公元前 2 世纪）

安提基特拉机械是世界上第一台模拟计算机，此图展示了一个当代模型。它是通过转动位于设备侧面的手摇曲柄进行操作。

月球上的脸 034

“心灵不是一个待充实的容器，而是一团待点亮的火。”

阿波罗 15 号在 1971 年从月球返回后，其指令长大卫·斯科特（David Scott）在新闻发布会上引用了这句箴言。这是古希腊的学者普鲁塔克（Plutarch，约 46—120）的一句名言。

普鲁塔克的一生主要是在为几位古代君王书写传记。他与月球的联系不仅仅只是在阿波罗 15 号的新闻发布会上的那句箴言。所有天文史学家都无法忽视普鲁塔克在他的著作《道德小品》（*Moralia*）中描绘的“月球上的脸”。这本著作包括了他的 78 篇散文和演讲手稿。

普鲁塔克出生在亚里士多德之后的四个世纪，当时亚里士多德关于宇宙本质的思想被奉为最高权威。亚里士多德认为月球是地和天之间的一种边界，在天上，天体是永恒不变的完美球体并以圆形轨道运行，地球的表面则因被侵蚀而不完美。因此，亚里士多德学派认为月球上的黑暗区域是完美天体和不完美地球的过渡边界。

亚里士多德对天文学的影响持续了几个世纪，但从普鲁塔克的散文中可以看出，他对亚里士多德的想法半信半疑。普鲁塔克对月球表面的认识更接近真实。他在文章中描述了月球上暗区的成因，他认为这些暗区可能是峡谷、河流或洼地，它们能削弱太阳光的反射。“如果月亮被太阳光完全照亮，我们将不会看到月球上的暗区（引自《道德小品》）。”

可以肯定的是，普鲁塔克关于月球的思想并不完全是从科学的角度来考量的，因为他认为月球是人死亡后灵魂的居所。此外，普鲁塔克还发现月球的暗区似乎与地球的地貌特征（峡谷或洼地）类似。

· 完美天体被毁（约公元前 350 年）、开始用望远镜研究月球（1609 年）、学习会合和对接（1965—1966 年）、延伸任务（1971 年）

来自古雅典的大理石半身像，这可能是普鲁塔克。

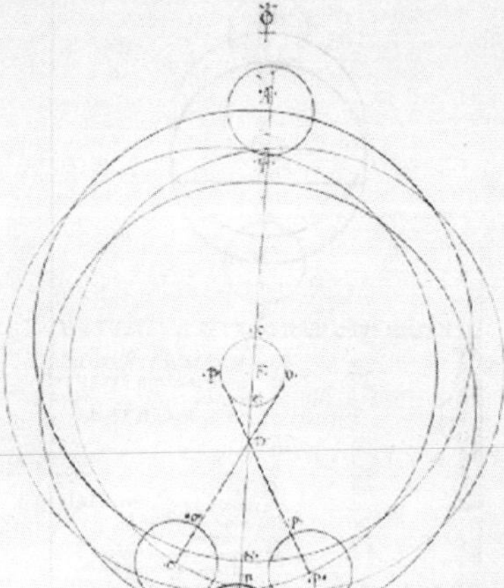

Prout semidiameter deferentis est 60.

a c semidiameter ecentrici	60	22	104	22	117	2
Singule c f et f e …						
… maxime longitudinis …	3	0	6	12	4	41
… minime longitudinis …	69		126	1	129	24
d o et d p …	[illegible]		97	7	111	21
et a …	33	1	56	29	62	30
a q semidiameter epicicli						
tota diameter a b	22	30	37	7	43	53
d r maxima …	126		219	9	173	28
d o et d p … epicicli	91	30			64	20
	33	0				

[illegible]

INCIPIT LIBER X DE MONSTRATIO MAXIME LONGITUDINIS STEALLE VENERIS CAPITULUM I

[illegible]

DE EPICICLI EIUS MAGNITUDINE

In hoc capitulo magnitudinem epicycli veneris quaerentes [illegible]

约 150 年

《天文学大成》

我们现在所知月球和行星运动的喜帕恰斯模型来源于克罗狄斯·托勒密。托勒密是亚历山大图书馆的一名天文学家，虽然他不是托勒密王族成员，但他是希腊人，继承了古希腊人的认知思辨传统。托勒密的论文涉及多个科学领域，被收录在他的 13 卷《天文学大成》(*Almagest*) 中。托勒密记录了喜帕恰斯和古代早期天文学家的思想，并与自己的研究资料融合，提出了一个月球和行星运动的模型，该模型在今后的十四个世纪的天文学发展中占主导地位。

除了进一步精确地绘制喜帕恰斯的星图，并在星图中增加更多的恒星之外，托勒密还发展了喜帕恰斯的天体轨道模型。他在早期天体模型中的本轮和均轮的基础上，引入了“偏心匀速点”的概念。偏心点是天体均轮轨道的中心，它位于地球与偏心匀速点的中间，而本轮小轨道运动叠加在均轮大轨道运动之上。当天体的本轮运动和均轮运动方向一致时，我们从地球上看，就会发现它们的运行速度似乎会变化；可是从假想偏心匀速点观测，就会发现它们是始终匀速运动的。

托勒密天体数学理论用一个旋转的水晶球系统作为物理模型。亚里士多德早在几个世纪前就有同样的设想，但是托勒密用数学理论将它进一步简化和定义。托勒密还试图用一个没有本轮运动的天体作为月球公转运动的中心，这样他就能解释月球的速度变化以及与地月距离的变化。虽然托勒密并不确信水晶球模型能否真的代表天体运动，但他希望这能准确地预测天体的位置。从数学上讲，宇宙中没有任何天体做均速圆周运动。但是，托勒密的天体运动模型使人们产生了天体都是匀速圆周运动的错觉，这种错觉一直持续到中世纪。

但是要正确认识月球的运动，绝不是一件容易的事。托勒密的天体模型夸大了地月距离的变化，这激发了中世纪的天文学家开始修正托勒密天体模型，而有的人则开始对它进行公开评论。

· 完美天体被毁（约公元前 350 年）、东方天文学家持续观天（500—800 年）、质疑（9—11 世纪），只有月球绕地球运行（1543 年）

约 1451 年，特拉比松的希腊学者乔治评注《天文学大成》时解释天体运动的图。

500—800 年

东方天文学家持续观天

托勒密的代表作《天文学大成》书名“Almagest”看起来像阿拉伯语，因为它是阿拉伯化的希腊词。当时翻译 13 卷《天文学大成》的学者将阿拉伯冠词“Al”（the）放在希腊词“最大”（megiste）之前，意思是这是一部最伟大的天文著作，它是从上古时代幸存下来的最全面的天文学论著。确实，在古希腊 – 古罗马文明衰落了几个世纪之后，《天文学大成》是唯一的一部综合的天文学教科书。

在《天文学大成》天体模型系统中，月球是绕地球旋转的最内层球体，因为月球相较于其他行星更接近地球，而且运动更快，这对于古希腊人来说是显而易见的。月球快速绕地转动、昼夜频繁可见。因此月球的研究极大促进了天文学的发展，天文学的发展进而又引发了整个科学革命。由于基督教在东罗马帝国的统治下日益强大，宏伟的亚历山大图书馆被摧毁，希腊的哲学学校也被迫关闭。曾经热衷科学发展的世界都不再崇尚科学了。

在波斯及其周边地区，天文学家继续观天，间或提出了几项重大发现。与一千年前的阿那克萨戈拉的思想类似，印度天文学家阿耶波多（Aryabhata，476—550）也认为月球和其他五个行星都是通过反射太阳光变亮的。阿耶波多通过精确的天文测量得出这些结论，并且他还证明了地球在自转。阿耶波多认为旋转的地球位于宇宙的中心，并不绕太阳公转。5 世纪之后，他的新宇宙模型激发了天文学家思考以太阳为中心的宇宙模型。同时期的印度天文学家还将精确测量的月球、太阳和行星运动的数据汇编到《信德及印度天文表》（*Zig al-Sindhind*）中，这是一本梵文著作。公元 7 世纪后期，《信德及印度天文表》在新城市巴格达被译成了阿拉伯语，当时正处于阿巴斯王朝，它被现在的历史学家称为“阿拉伯黄金时代”。

·《天文学大成》（约 150 年）、质疑（9—11 世纪）、看到新月的第一缕光（11 世纪）

印度天文学家阿耶波多画像。阿耶波多利用天文测量得出许多重要发现，包括月球被太阳照亮后反射光芒。

9—11 世纪

质疑 037

中世纪的阿拉伯天文学家多次质疑托勒密的《天文学大成》中描述的天体运行模型。因为托勒密的天体运行模型能够准确地预测天体的位置，它主导了天文学长达一千四百年之久。但是，随着机械装置的改进，托勒密的模型就行不通了，新的机械装置并没有放大天体，却能越来越精确地追踪它们的位置。对月球的研究无疑是天体运行模型的主角，因为月球非常容易观测，并且它能在短短四周时间绕地球一周，但是月球的运行细节与托勒密的天体运行模型并不吻合。

阿拉伯天文学家，如叙利亚的阿尔–巴塔尼（al-Battāni，858—929）起初并不 73
想完全颠覆托勒密的天体模型，而是要对其进行修正，因此他们编录了许多新的月球和太阳运动的观测数据。六个世纪之后，哥白尼在提出“以太阳为中心”的宇宙模型来取代“以地球为中心”的托勒密理论时，就提到了阿尔–巴塔尼。阿尔–巴塔尼不仅擅长天文学，他还精通三角学。古希腊的喜帕恰斯曾较粗略地将三角学引入到数学概念里。跟喜帕恰斯一样，阿尔–巴塔尼也将三角学应用于他的天体测量，并将三角学加以完善，他用正弦和余弦函数代替了旧的希腊和弦函数。阿尔–巴塔尼利用三角学计算出月球、太阳与地球之间的距离的变化，还能预测日食是日环食（看起来亮光环包围着暗月亮的日光环）还是日全食（月亮完全挡住了太阳）。

阿尔–巴塔尼在叙利亚成名之后，在巴格达建立了“智渊阁”（也叫“智慧之家”），开始翻译古希腊著作并召集各个领域的学者。多亏了中国的造纸术，巴格达的学者能够制作多份书籍副本，促进中世纪知识信息的传播。公元 10 世纪后期，这些知识信息的传播成就了著名学者伊本·海什木（Ibn al-Haytham，约 965—1040）。海什木是开创光学物理和科学方法的先驱，他坚定地认为托勒密的天体运行模型存在错误。海什木强调，托勒密天体模型的部分错误在于它不能解释月球运动的很多细节，而且有卫星（行星）的旋转天体会发生碰撞。

· 完美天体被毁（约公元前 350 年）、《天文学大成》（约 150 年）、看到新月的第一缕光（11 世纪）、只有月球绕地球运行（1543 年）

伊拉克的 10 第纳尔货币，用以纪念阿拉伯数学家、科学家伊本·海什木，他被誉为“光学之父”，在数学、物理学和天文学方面都有突出成就。

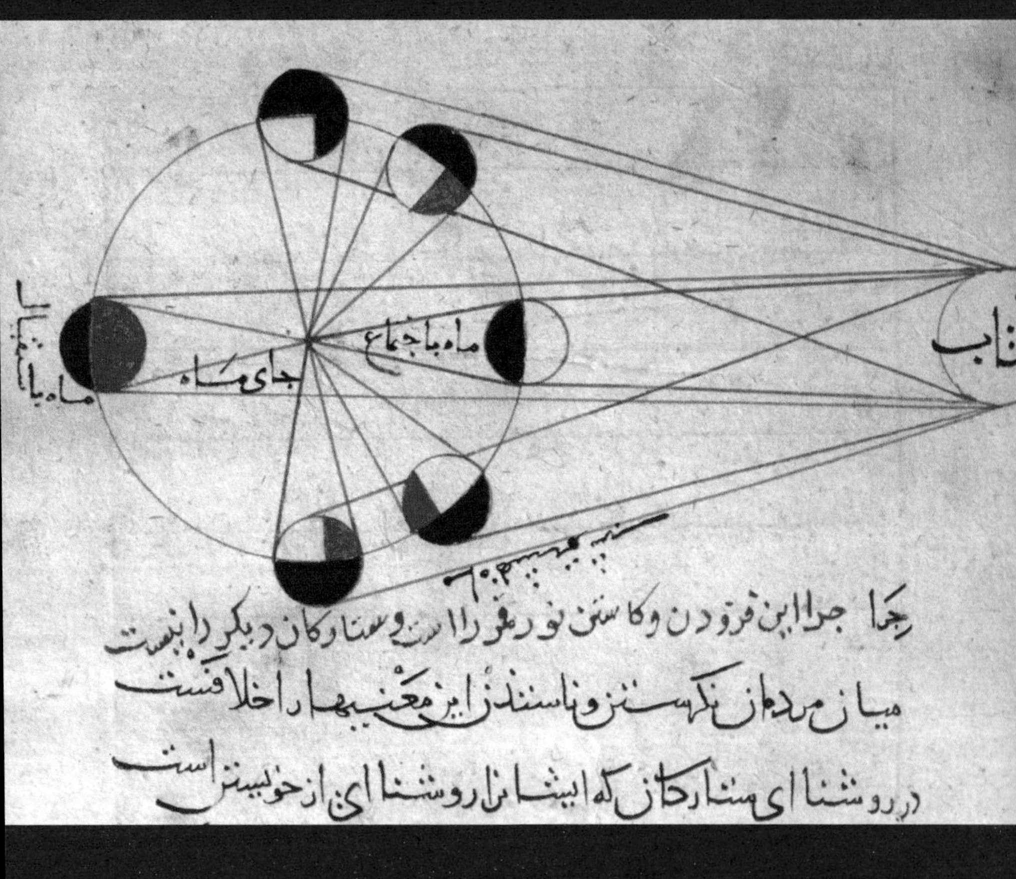
ماه باستقبال
جای ماه
ماه باجتماع
آفتاب
چرا این فزودن و کاستن نور مر قمر راست و ستارگان دیگر را نیست
میان مردمان نگرستن و ناسنندن این معنیها را اختلافست
در روشنای ستارگان که ایشان را روشنای از خویشتن است

11世纪

看到新月的第一缕光

精确记录月相周期时间对于很多宗教仪式的日程安排至关重要，因为信徒们以夕阳落下后，看到新月的第一缕光作为一个月的开始。

然而，看到新月的第一缕光并不总是那么容易。另外，人们还发现，新月第一缕光的时间和计算预测每个月开始的时间并不总是相符。其中有一部分原因是月球运动的复杂性。到了11世纪，中亚天文学家阿尔-比鲁尼（al-Biruni，973—1052）开始用类似望远镜一样的管状装置来观测月亮，这向月球运动的本质迈进了一大步。虽然阿尔-比鲁尼的管状观测装置并没有用来放大的主镜和目镜，但是管内中心视场能保持黑暗，这就更容易发现新月的细小亮光。

作为当时一流的数学家，阿尔-比鲁尼在天文学的贡献不仅仅是用他的管子观测并绘制了月相草图。使用厄拉多塞的方法，阿尔-比鲁尼还精确测量了地球的周长，并推断出存在非洲以西和中国以东的大陆——美洲。他不仅热衷于研究科学，还研究宗教、语言学和印度学。战争期间，加慈尼的苏丹·马哈茂德（Sultan Mahmud）将阿尔-比鲁尼作为顾问带到了印度北部，阿尔-比鲁尼有机会接触到了印度的科学知识。与印度的天文学家会面前，阿尔-比鲁尼已经对亚里士多德“地心说”和托勒密天体模型持怀疑态度。印度的天文学家向他介绍了阿耶波多的宇宙学理论，即地球仍是宇宙的中心，但在不停地自转。在总结阿耶波多的宇宙学理论和古希腊人的天文学的基础上，阿尔-比鲁尼写道：“地球是否静止不动，又是否在自转的同时像月球绕地球旋转那样绕着太阳公转（正如阿利斯塔克的理论），这完全取决于人的观测角度。”

·完美天体被毁（约公元前350年）、厄拉多塞计算地球周长（公元前3世纪），《天文学大成》（约150年）、东方天文学家持续观天（500—800年）、质疑（9—11世纪）、只有月球绕地球运行（1543年）

阿尔-比鲁尼绘制的草图展示了不同的月相。阿尔-比鲁尼使用自己研发的管状装置进行观测，这种装置是望远镜的前身。

13 世纪

月球运动新模型 039

阿尔–比鲁尼质疑整个“地心说”的理论框架，而其他天文学家则认为只需修正托勒密天体模型，就可以解释月球运动的观测和模型不吻合的问题或消除其他问题了。13 世纪，波斯天文学家纳西尔·艾德丁·图西（Nasir al-Din al-Tusi，1201—1274）提出了新的月球运动模型。尽管比鲁尼和图西都是为统治者服务的天文官，但是从他们的著作中可以看出，他们都把占星术视为迷信。比鲁尼为加慈尼王朝的国王苏丹·马哈茂德服务，主要占卜战争胜负；当蒙古人入侵时，图西为旭烈兀可汗献策，声称只要他有一个新的天文台、能使用新进设备，就能帮助旭烈兀可汗赢得更多的战争。马拉盖天文台在图西的建议下得以建成，伊比利亚和中国等地的天文学家们都聚集到这里，一起进行天文研究。他们使用图西设计的、在当时是最先进的 10 米长的量角器，精确地测绘出月球、行星和恒星的位置。据此他们建立了新的天体运动模型系统，让人们更容易理解托勒密的天体模型。这个模型系统包括“图西对”模型和新的月球运动模型。“图西对”指的是行星在做小圆周运动的同时，小圆周在大圆周上移动。从几何学上讲，“图西对”不同于本轮，它消除了托勒密模型中偏心匀速点这个数学技巧，托勒密假设天体围绕偏心匀速点作匀速圆周运动，而从地球上观测时，天体并不作匀速圆周运动。

这次修补托勒密行星模型后，地心说宇宙理论再次盛行了两个世纪。在这段时间里，普罗旺斯的一位天文学家，列维·本·吉尔森（Levi Ben Gershon，1288—1344）通过行星和月球来估测恒星的最小距离。列维·本·吉尔森是犹太人，但精通阿拉伯语。因此，在天体测量领域，他可以与世界顶尖的阿拉伯天文学家们并驾齐驱。虽然列维·本·吉尔森的贡献没有被直接用于推翻托勒密天体模型，但他估测得到的恒星距离，有效地印证了阿利斯塔克的“日心说”。

· 根据月球亮度估计恒星距离（14 世纪）、调整月地距离变化（14 世纪）、只有月球绕地球运行（1543 年）

这幅 13 世纪的插图中，波斯天文学家图西坐在马拉盖天文台的书桌旁给学生授课。马拉盖天文台位于现在的伊朗北部。

14 世纪

根据月球亮度估计恒星距离

月球上的拉比列维环形山，是用普罗旺斯天文学家列维·本·吉尔森的名字来命名的，他是犹太人，他的名字的希伯来语缩写为“RaLBaG”，或许人们更为熟悉的是他名字的拉丁文——“Gersonides”（吉尔森尼德）。吉尔森尼德是一位博学的哲学家，他能用亚里士多德的经验主义对《圣经》中的“神迹”进行天文学的解释。尽管他有可能触犯到了基督教权威，但是阿维尼翁的教皇却非常支持，这可能是因为吉尔森尼德用希伯来语注释的《圣经》只有犹太人才能读懂。

已故物理学家尤瓦尔·内埃曼（Yuval Ne'eman，1925—2006）指出，吉尔森尼德是 19 世纪之前唯一真实估测恒星距离的天文学家。直到 1838 年人类才测量到了一颗特殊恒星的实际距离。在那一年，弗里德里希·威廉·贝塞尔（Friedrich Wilhelm Bessel，1784—1846）记录了恒星视差的变化，计算出地球到天鹅座 61 星的距离为 11. 4 光年。但在此五百年以前的 13 世纪，当时的观测技术还不能测出恒星的视差。即使像图西一样拥有当时最先进的天文观测设备，视力极好的天文学家也仅能观测到半人马座 α 星的视差，因为它离地球最近，仅 4.3 光年。可惜的是，它只有在南半球才能观测到，而马拉盖天文台位于北半球。

所以，没有充分证据证明地球是移动的，但吉尔森尼德对托勒密天体模型持怀疑态度，这与伊本·海什木和阿尔-比鲁尼的观点一致。他记录月球亮度和大小的变化，将月地距离的测量值与月球运动周期图表中的数据做对比，这样就能根据亮度来校准地月距离。同理，类似的方法可以用来观测火星亮度的变化，就能证明托勒密本轮行星模型是否正确。后来，内埃曼猜测，吉尔森尼德找到了月球亮度与月球-行星之间的距离的关系，估测得出典型恒星最小的距离。虽然我们不知道吉尔森尼德到底用的什么方法，但他最终估计出地球与北斗七星（大熊座）的恒星之间的距离最小为 10 到 100 光年之间。

· 质疑（9—11 世纪）、看到新月的第一缕光（11 世纪）、月球运动新模型（13 世纪）、调整月地距离变化（14 世纪）

天文学家使用十字测天仪的插图。十字测天仪是法国天文学家吉尔森尼德发明的天文测量工具，它是一根有测量刻度的杆子，14 世纪的天文学家们用它来测定天文距离。

وهذه صورة أفلاك القمر وهي مدارات مراكز الأكر المسلمة على حسب ما تصور على البسط لا على الحقيقة البراهين

وحساب التعاديل على أنا صورنا مثلا الذي يمر والذي في ثانيا ما كن وما تلك الأماكن هي الخروج والاستهلال

والتربيعين و... لسهل تصوره

مركز العالم

وسعاية ر ج له ن وحركة وسط القمر في عشرين سنة فارسية ب ر م سط م كا

وفي سنة واحدة د ط مح ن كط كه وفي ثلاثين يوما اه بر له لو نو ح لد وفي يوم بليلته

يح ي لو لح نب لوح نور وفي ساعة مستوية لب نو كز لح مالا وكتبنا أن

خاصة القمر للتاريخ المذكور دح له كر وحركتها في عشرين سنة فارسية ما د كب له

وفي سنة واحدة فح مح ر و وفي شهر ١١ نوح وفي يوم د ح يز نو وفي ساعة له لب

لا مه وأثبتنا وسط الجوزهر للتاريخ المذكور ط ه ر له وحركته إلى خلاف التوالي في عشرين

ن

14 世纪

调整月地距离变化

14 世纪欧洲文艺复兴始于佛罗伦萨时，东方的阿拉伯天文学还在蓬勃发展，托勒密的月球和行星运动模型依旧流行。自托勒密提出天体运行模型之后的十二个世纪里，天文学家已经对它进行了本质性的修正。在这段时间里，月球绕地球旋转超过了 15 000 次。通过几代天文学家的努力，他们不仅观察到了月球相位的变化，而且还观察到了月球亮度的变化，以及月球圆盘直径和弧长比例的变化。根据月相周期特征，以及非恒定速率变化的月相盈亏，天文学家们可以得出月球的运动速度是变化的，以及月球与地球的距离也在变化等结论。

用托勒密《天文学大成》中提出的天体运行模型来解释月球运动现象时，天文学家需要不断对其进行修正。到了 14 世纪，为了解释月球、行星和太阳都绕地球运动，修正后的托勒密模型变得异常复杂；另一方面，即便使用13 世纪提出的“图西对”来修正托勒密模型，也无法消除天文学家的困扰，即地球位置的偏心率：从数学角度，地球并不处在宇宙的中心。除此以外，修正后的托勒密模型也无法解释水星的某些特殊运动。

为了解决这些问题，叙利亚天文学家伊本·沙提尔（Ibn al-Shatir，1304—1375）在使用图西的数学模型时，增加了额外的本轮运动（即小球体在绕大球体作圆周运动的同时也在自转）。沙提尔还调整了月球和地球距离的变化，使他的模型比托勒密模型更符合观测结果，因为托勒密模型夸大了月地距离的变化。沙提尔模型能更好地解释月球和行星的运动，特别是水星的运动。在沙提尔模型中，尽管地球还位于宇宙中心附近，然而，从数学角度来看，沙提尔模型与后来的新天体运行模型一致。新天体运行模型是一百五十年后由哥白尼提出的。

· 质疑（9—11 世纪）、看到新月的第一缕光（11 世纪）、月球运动新模型（13 世纪）

伊本·沙提尔绘制的月球绕地球轨道图，这一模型解释了行星和月球是如何运动的。

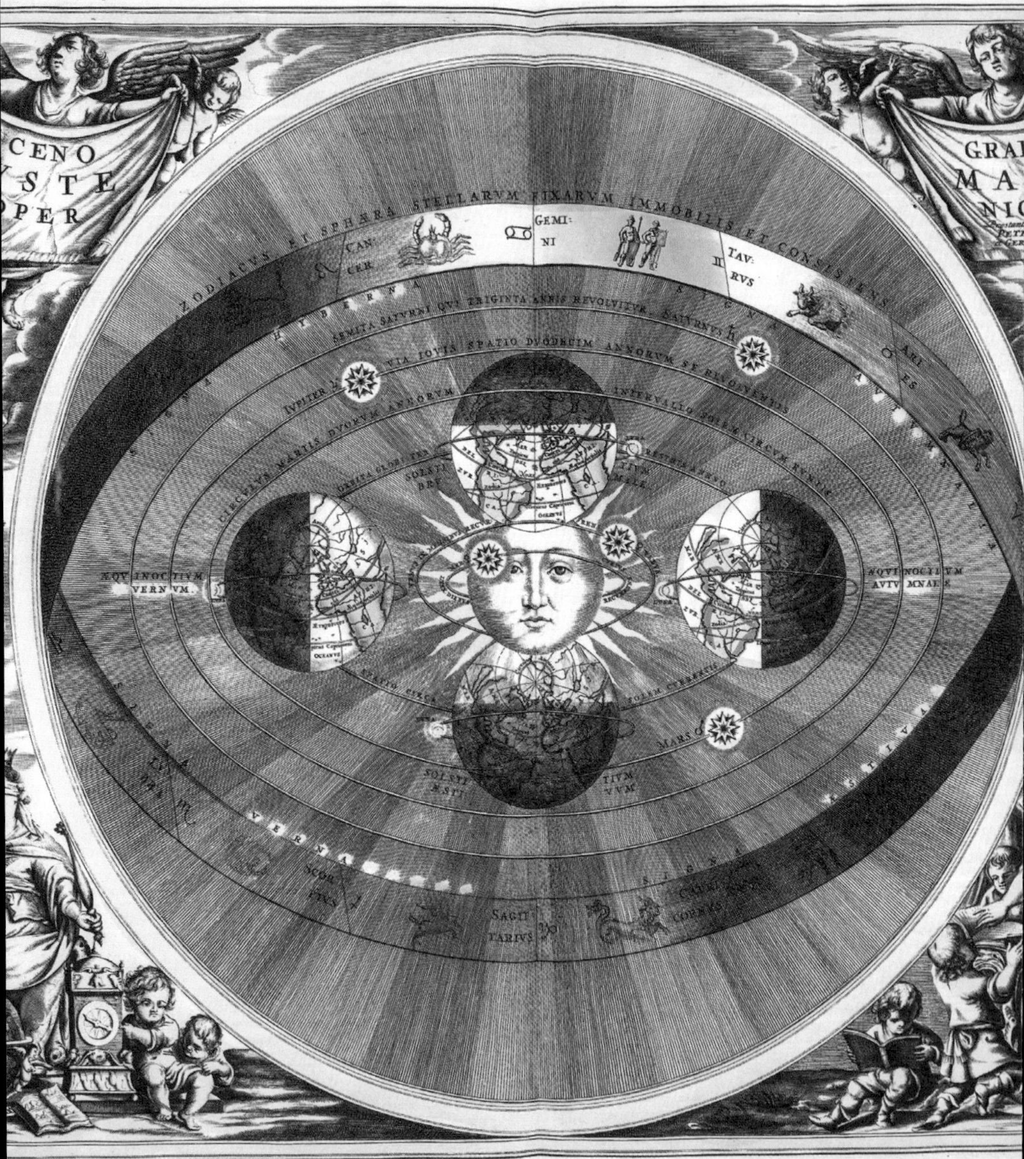

ZODIACVS ET SPHÆRA STELLARVM FIXARVM IMMOBILIS ET CONSISTENS
CAN CER
GEMI NI
TAV RVS
SEMITA SATVRNI QVI TRIGINTA ANNIS REVOLVITVR. SATVRNVS
VIA IOVIS SPATIO DVODECIM ANNORVM SE REVOLVENTIS
IVPITER
CIRCVLVS MARTIS DVORVM ANNORVM
ÆQVINOCTIVM VERNVM
ÆQVINOCTIVM AVTVMNALE
SOLSTITIVM ÆSTIVVM
MARS
SCOR PIVS
SAGIT TARIVS

1543 年

只有月球绕地球运行

历史学家有两种不同的观点来解释为什么哥白尼能提出“日心说”的模型。一种观点是，哥白尼不满足于修正后的托勒密模型只能给出月球、行星和太阳匀速圆周运动的错觉，所以他要提出“日心说”；另一种观点是，历史学家认为哥白尼通过数学方法将图西和沙提尔的模型进行了合乎逻辑的扩展，从而提出了“日心说”。

后一种观点是分析了哥白尼著名著作《天体运行论》(*De Revolutionibus Orbium Coelestium*) 后提出的。哥白尼在著作里给出了“地球和其他行星绕太阳作圆周运动”的图解，图中只有月球绕地球运行 (在哥白尼之前的天体运行模型中，月球、行星和太阳都围绕地球运行)。更为直接的证据是，哥白尼的研究工作再现了“图西对”的数学模型，并使用了阿拉伯天文学家绘制的图表。例如，他使用了9世纪天文学家巴塔尼的天文表，除此以外，他还增补了自己得到的新数据。哥白尼保留了沙提尔在图西基础上使用的数学方法，因此能解释月球绕地球运行距离和速度的变化。他的结果也与沙提尔的结果相吻合。

基于这些工作，英国的物理学家、人文学者和作家吉姆·艾尔–哈利利 (Jim Al-Khalili) 将哥白尼称为阿拉伯时期的巅峰天文学家，而不是欧洲科学发展鼎盛时期的第一个天文学家。欧洲之所以会有这样的科学进展，是因为技术变革。印刷术的出现，意味着哥白尼不用像前辈那样需要依赖亚历山大图书馆或“智渊阁”，他自己就能拥有各种藏书。

尽管哥白尼的天体模型很好地解释了行星的逆行，但它与沙提尔模型一样，无法解释月球亮度的变化，以及月球和行星速度的变化。哥白尼一直认为他能进一步改进该模型。直到 1543 年，他才出版了《天体运行论》。同年，哥白尼去世。

· 月球地质时代之哥白尼纪的开始 (11 亿年前)、质疑 (9—11 世纪)、月球运动新模型 (13 世纪)、调整月地距离变化 (14 世纪)

图为哥白尼的日心说模型，地球绕太阳运行，只有月球绕地球运行。哥白尼模型的建立是受到之前阿拉伯天文学家的启发。

100F

2010

TYCHO BRAHE

REPUBLIQUE
DE DJIBOUTI

16 世纪 70 年代

月球和太阳绕地球运行

《天体运行论》出版六十年后，天主教开始对它实施禁令。幸运的是，由于印刷机的出现，数百本《天体运行论》在欧洲传播开来，许多天文学家都有这本书。其中有一位天文学家名叫第谷·布拉赫，他是一个富有的丹麦人。20 岁时，第谷和他的表哥为了“谁的数学更好”而进行剑斗，在剑斗过程中第谷不慎失去了鼻梁，于是他就用金属打造了一个鼻梁假体。

1572 年，第谷因为发现了一颗仙后座中新的恒星而闻名，后来，月球正面西南部一个著名的环形山被命名为第谷环形山。第谷很容易就辨认出了这颗新恒星，因为它有时候比金星还亮。实际上，第谷看到是一颗超新星，一颗正处于爆炸死亡过程中的恒星，由于它离地球的距离很远，所以以前无法看到。为了把这位天赋异禀的天文学家留在丹麦，国王腓特烈二世赐予第谷一座岛屿，并出资建造了乌兰尼堡天文台。这座天文台拥有当时最先进的天文仪器，比如第谷象限仪，它可以精确测量月球、太阳、行星和恒星的位置。后来，由于与下一任丹麦国王发生分歧，第谷搬到了布拉格，在这里，神圣罗马帝国的皇帝鲁道夫二世又为他建造了一座新的天文台。

虽然第谷对哥白尼的“日心说”很感兴趣，但因为他无法利用当时有限的仪器和观测手段来测量恒星视差，所以他否定了地球的运动。相反，第谷提出，只有月球和太阳绕地球运行，而其他行星则绕太阳运行。他的观测数据也充分证明木星和土星以及金星和水星绕太阳运行的理论。然而，他的与火星相关的理论还是存在一些问题，所以他需要一位比他自己更优秀的数学家。很显然，削去他鼻子的表哥并不是合适的人选，最终他邀请了一个比自己更年轻的人，一位名叫约翰尼斯·开普勒的德国人。

· 月球地质时代之哥白尼纪的开始（11 亿年前）、月球梦之旅（1581 年）、开始用望远镜研究月球（1609 年）

吉布提 2010 年纪念邮票上的第谷·布拉赫肖像。

1581 年

月球梦之旅

九岁时，约翰尼斯·开普勒看到了一次月食。很久以后，他写了一部科幻小说——《梦》(*Somnium*)，小说讲述的是一位科学家的女巫母亲在梦中帮助科学家到月球旅行的故事。这个科幻故事描述了在月球上看地球的样子，这就像冥冥之中的暗示一样，几个世纪后阿波罗 8 号的宇航员在绕月轨道上拍摄了一张地球的著名照片。小说的主人公还遇见了开普勒现实生活中出现的第谷·布拉赫。不幸的是，“女巫母亲”也成真了，1617 年开普勒的母亲凯塔琳娜（Katharina，1546—1622）因巫术被捕。开普勒利用他的法律学识为自己的母亲辩护，才使母亲在 1621 年被释放。

开普勒利用奖学金完成了学业，而且希望成为路德教会的神职人员，但他的神学思想与各个新教教派的思想不同，因此他不能担任高薪的大学职位，后来他在奥地利格拉茨的一所新教派学校里教授数学和天文学。在那里，尽管他健康状况不理想，家庭经济入不敷出，但开普勒还是出版了一本书，从数学角度研究哥白尼天体运行模型，从此开始与第谷·布拉赫有了书信往来。

1600 年，格拉茨的激进反改革活动爆发后，开普勒接受了第谷的邀请，去布拉格研究火星不符合宇宙模型的问题。在开普勒到达布拉格后不久，第谷受邀参加皇帝的宴会，在宴会上喝了不少酒，但又碍于礼貌不敢去上厕所，最后因为憋尿导致膀胱受损，11 天后去世。第谷死后，开普勒在第谷的笔记本里发现了大量的观测数据，这些数据与哥白尼的“日心说”宇宙模型相符，不过要把模型中天体运行的圆形轨道改变形状才行。改变后的天体运行轨道是一个椭圆，也就是有两个焦点的扁圆形，太阳处于其中一个焦点上。这就是发表于 1609 年的“开普勒第一行星运动定律”。同时开普勒还发表了另一个定律，即行星与太阳的连线在相同时间扫过的面积相等，从数学上讲，开普勒的发现使修正后的哥白尼宇宙模型跟观测到的相符，但要完全证明哥白尼的“日心说”，还得依靠当时刚起步的观测技术。

· 月球地质时代之哥白尼纪的开始（11 亿年前）、开始用望远镜研究月球（1609 年）、不断升级的望远镜能把月球看得更细致（17 世纪）、月球带给艾萨克·牛顿的启发（17 世纪末）

约翰尼斯·开普勒与鲁道夫二世皇帝。1601 年，第谷猝死后，鲁道夫二世任命开普勒为帝国数学家。

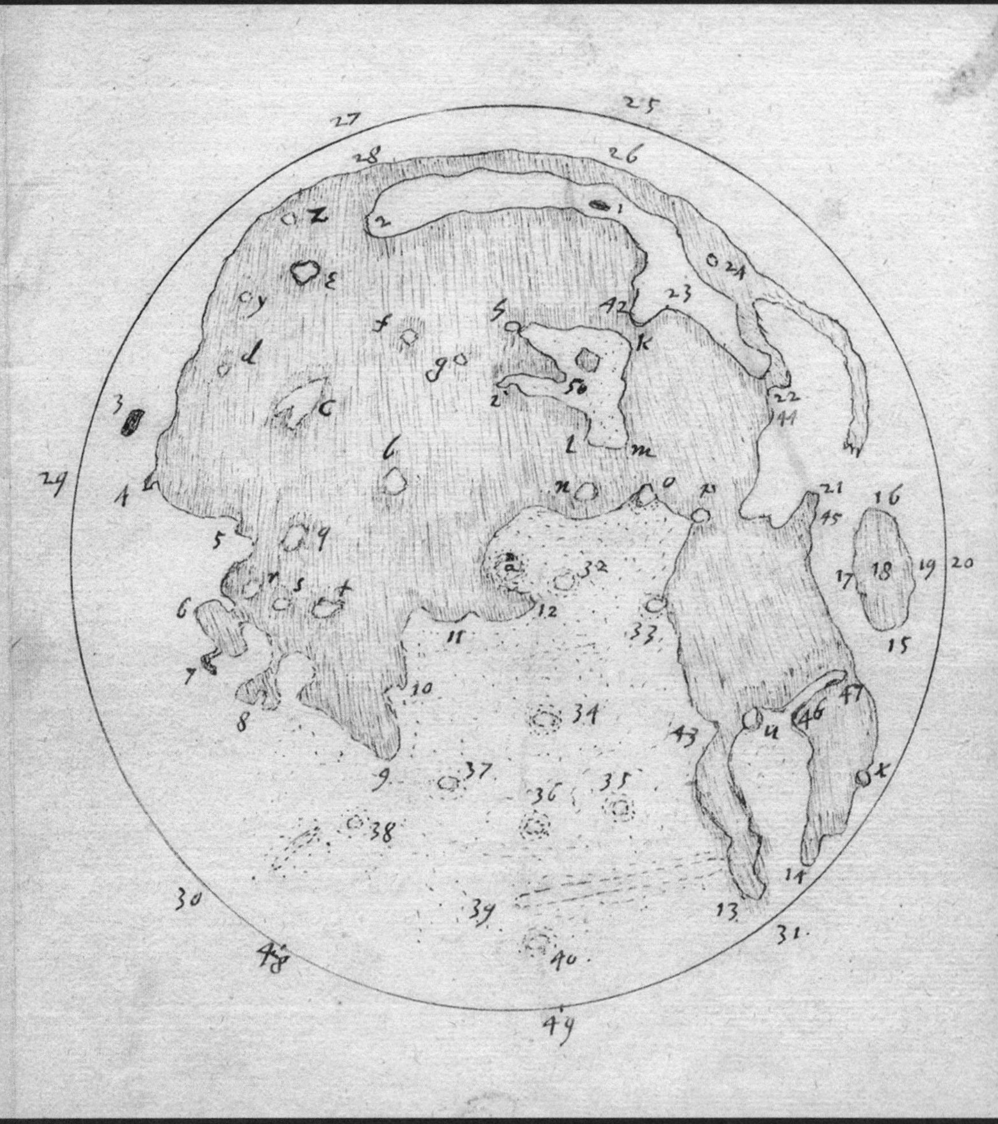

25
27
28
26
z
2
1
ε
24
y
42
23
f
s
k
g
d
2'
56
22
3
c
44
b
l
m
29
a
n
o
p
21
16
45
5
q
32
17
18
19
20
r
s
t
12
6
11
33
15
7
10
47
34
46
8
u
43
37
9
x
36
35
38
14
30
39
13
31
40
48
49

1609 年

开始用望远镜研究月球

1971 年，阿波罗 15 号的指令长大卫·斯科特在月球上同时扔下一把锤子和一片羽毛，致敬太空时代的推动者之一伽利略·伽利雷（Galileo Galilei，1564—1642）。伽利略也曾做过类似的实验，开启了实验物理学，当然，他对月球探测的贡献远不止这些。

1609 年底，伽利略把望远镜指向月球，但他并不是第一个用望远镜观测月球的人。早几个月前，托马斯·哈里奥特（Thomas Harriot，1560—1621）从荷兰购买了一架望远镜。哈里奥特用它观测月球后，绘制了月球地图。在开始研究月球之前，伽利略先自己设计了望远镜，他的望远镜放大倍数可达到 9 倍左右。在晨昏线附近时，伽利略看到了月球上的山的影子，因为太阳光以大角度照射到这个区域，所以山的影子被拉长了。月球的山地表面意味着它可能是一个类似地球的天体，此外，伽利略还观测到木星的卫星绕着木星运行，同理，他认为月球也只是地球的卫星。这些发现都没有影响到伽利略，他还是一如既往地赞成哥白尼的“日心说”。伽利略在帕多瓦大学教书时，威尼斯人管理着帕多瓦，学术思想比较自由，但他还是很谨慎地讨论这些新发现，只要不越界哥白尼的“日心说”，讨论还是很安全的。1600 年，罗马教廷认为乔尔丹诺·布鲁诺（Giordano Bruno，1548—1600）宣扬“异端邪说”而将其处死。布鲁诺认为，每一颗恒星都是一个“太阳”，它们都有自己的行星系统。

伽利略与宗教权威的碰撞始于他迁居佛罗伦萨后，用望远镜研究金星的过程中。搬到佛罗伦萨后，伽利略在他的母校比萨大学获得了一个职位，拥有了更高的声望，而且没有教学任务。他还得到权贵美第奇家族的庇护，因此教会无法迫害一位美第奇的朝臣。伽利略通过观察发现，金星像月球一样，也会有新月形和圆形之间的相位变化，只是金星的新月相看起来更大，然后随着它转为圆形而缩小。这证明了金星绕太阳运行。伽利略认为，其他行星和地球也一定与哥白尼的“日心说”模型相符。不过，还有麻烦的问题未解决，因为金星的相位变化仍然符合第谷·布拉赫的宇宙模型，即行星围绕太阳运行，而太阳围绕静止的地球运行。此外，教皇和美第奇家族之间的政治关系也很复杂。

· 月球地质时代之哥白尼纪的开始（11 亿年前）、弦月和日心说（公元前 3 世纪）、月球梦之旅（1581 年）、不断升级的望远镜能把月球看得更细致（17 世纪）、延伸任务（1971 年）

托马斯·哈里奥特最早绘制了一些月球地图。这幅图是哈里奥特在 1609 年前后用望远镜观测月球后描绘的月海和环形山。

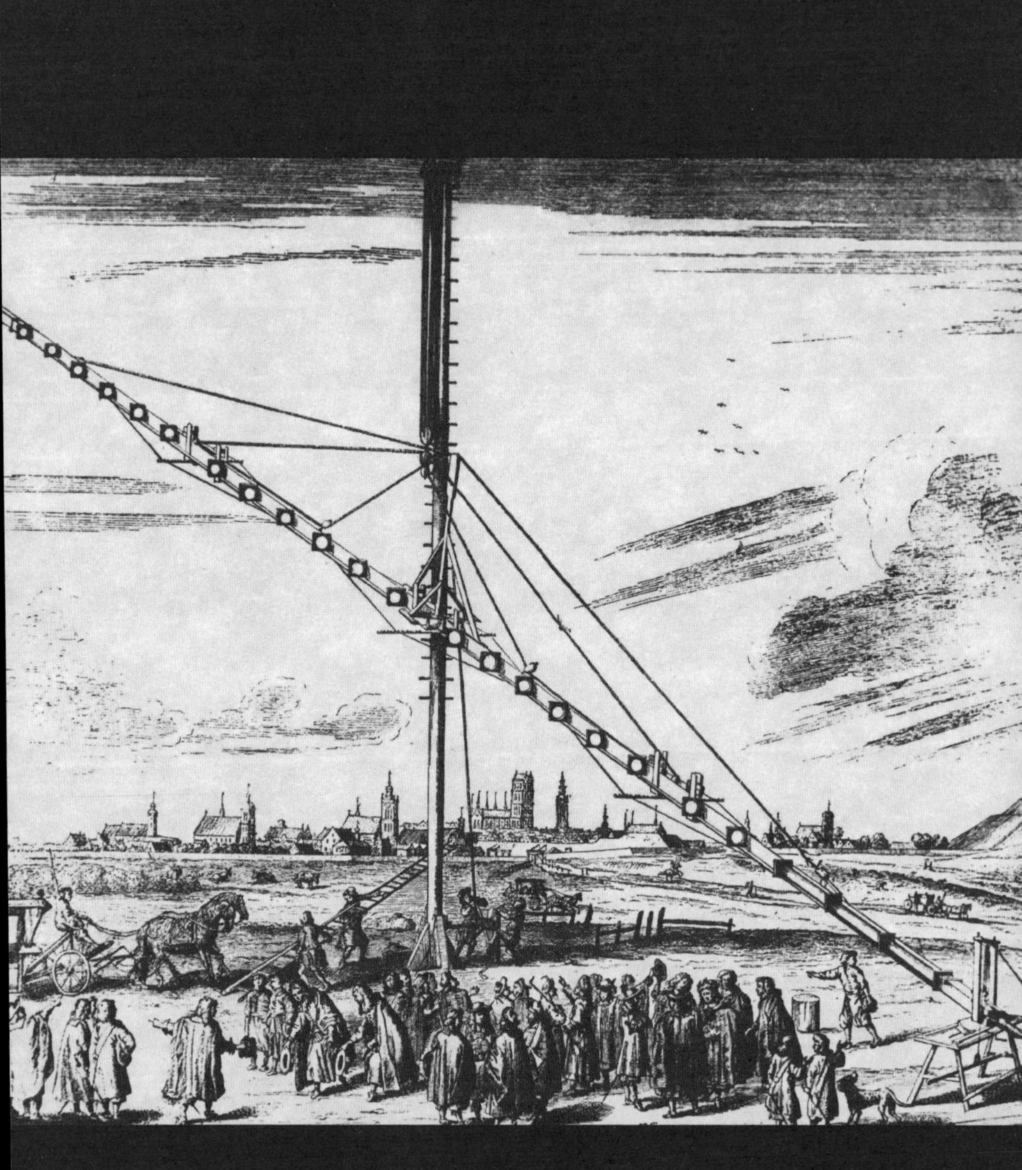

不断升级的望远镜能把月球看得更细致 046

伽利略和哈里奥特都与研究光学的约翰尼斯·开普勒进行过交流。1609 年，开普勒发表第一和第二行星运动定律时，哈里奥特和伽利略在观测月球。1610 年，受伽利略出版的《星际信使》(*Sidereus Nuncius*) 的启发，开普勒设计了新的望远镜。开普勒使用凸透镜代替伽利略望远镜的凹透镜，这不仅扩大了视域，还能减轻眼睛的疲劳。

随着望远镜日益的普及，天文学家的观测也逐渐增多，提出的假说也在增多，当然可以想象得到的是，他们之间的分歧也更多。天文学家与伽利略的理论大相径庭，而且他们的论点被反驳得体无完肤。由此，伽利略结下了许多仇敌，最终天文学家和伽利略达成一致，认为伽利略应该写一篇论文并提出相对平衡的观点，以此来解决“地心说”和“日心说”的矛盾。伽利略图文并茂地写了一本书，书中是两个虚构人物之间的对话，其中一个是聪明机智的哥白尼，或者说是伽利略自己；另一个人物是坚持“地心说”的辛普利西奥(Simplicio)，他戴着教皇的帽子，还背诵教皇最喜欢的谈话要点。

与此同时，望远镜的长度越来越长，其中约翰内斯·赫维留(Johannes Hevelius，1611—1687) 建造了当时最长的 46 米望远镜。赫维留利用望远镜观测了四年月面，获得了一些有价值的图像。1647 年，他出版了《月面图》(*Selenographia*)。米迦勒·弗洛伦特·范·朗伦(Michael Florent van Langren，1598—1675) 和弗朗西斯科·马里亚·格里马尔迪(Francesco Maria Grimaldi，1618—1663) 也利用类似的望远镜绘制了详细的月球图。格里马尔迪的图被收录在 1651 年乔万尼·巴蒂斯塔·里乔利(Giovanni Battista Riccioli，1598—1671) 撰写的《新天文学大成》(*New Almagest*) 中。里乔利开创了月球结构的命名规则，以古代学者们的名字命名月球上的陆地、月海以及陨石坑，这一方法一直延用至今。

另一个望远镜光学系统上的创新，来自荷兰天文学家克里斯蒂安·惠更斯(Christiaan Huygens，1629—1695)，但使用惠更斯的透镜望远镜存在几个问题，其中一个是透镜会将光分成不同的颜色。英国科学家牛顿比任何人都更了解透镜的分光效应，因此，他开始使用曲面反射镜代替透镜作为放大元件。

另参见

• 月球梦之旅 (1581 年)、开始用望远镜研究月球 (1609 年)、月球带给艾萨克·牛顿的启发 (17 世纪末)

这幅版画展示了约翰内斯·赫维留的一架望远镜。它的镜片由一个需要不断调整的绳索和滑轮系统固定，但事实证明，这架望远镜并不实用。

17 世纪末

—— 月球带给艾萨克·牛顿的启发 —— 047

是什么推动着月球绕地球运转？这会不会也是导致物体下落的原因呢？艾萨克·牛顿爵士运用数学方法解决了这个问题，用力的作用来解释运动。其实，从伽利略时代开始的早期科学家就发现了牛顿物理学的基本要素。在伽利略之后，牛顿出现以前，有一位重要的数学家、哲学家——法国的勒内·笛卡尔（René Descartes，1596—1650），他是解析几何学的创造者。1644 年，笛卡尔提出了三个运动定律，可以看作牛顿三大运动定律的雏形。

17 世纪七八十年代，牛顿提出万有引力定律。这一时期，学者对牛顿在 1672 年发表的关于光和颜色的本质的实验给予了肯定。他们还知道牛顿在数学方面的成就，让牛顿担任剑桥大学著名的卢卡斯教授席位。斯蒂芬·霍金（Stephen Hawking，1942—2018）也担任过同样的职位。牛顿最初对万有引力理论的研究非常低调和隐秘，他只是公开地写了一些关于神学、炼金术方面的文章。

早在 1619 年，开普勒就发表了“行星运动第三定律”，指出行星绕太阳运行的轨道为椭圆轨道，运行周期的平方与轨道长半轴的立方（椭圆长轴的一半）成比例。“行星运动第三定律”是开普勒对他前两个定律的扩展，也是对第谷·布拉赫的天文观测数据的经验总结。而牛顿则是从数学的角度证明了任何两个物体之间都存在着引力，他们之间引力与两个物体质量的乘积成正比，与它们之间距离的平方成反比。

在天文学家埃德蒙·哈雷（Edmond Halley，1656—1742）的鼓励下，牛顿在《自然哲学的数学原理》（*Philosophiæ Naturalis Principia Mathematica*，以下简称《原理》）中提出了万有引力思想。1687 年《原理》出版，它解释了月球运动和地球内外的所有运动，还给出开普勒定律的理论推导。为了便于使用《原理》，牛顿还发明了微积分。微积分和万有引力一起开启了现代科学，引发了工业革命，并最终将人类送上了月球。

· 月球梦之旅（1581 年），仪器的改良促进月球天文学的发展（18 世纪），利用月球证明广义相对论（1914—1922 年）

英国画家詹姆斯·索尼尔爵士（James Thornill，1675—1734）为艾萨克·牛顿爵士绘制的肖像，完成于 18 世纪初。

— 仪器的改良促进月球天文学的发展 —

18 世纪，精密仪器的发展日新月异，因而天文领域的研究也欣欣向荣。这些研究近到测绘地球磁场，远到发现天王星。除此之外，天文学家还对月球进行进一步观测，研究月球与其他天文现象的关系。

18 世纪初，天文学巨擘埃德蒙·哈雷已经担任大英帝国皇家天文学家二十多年。他因发现并证明了彗星的周期性而被人铭记。不仅如此，20 年前，哈雷说服了艾萨克·牛顿出版《原理》一书，并为其支付印刷费用，这推动了现代科学的发展。1702 年，哈雷在绘制地磁场图时，解决了一个困扰人们很久的导航问题，创立了地球物理学，为太空辐射的研究奠定了基础，这对美国国家航空航天局的阿波罗登月任务以及我们现在的通信系统而言都有重大意义。1739 年，哈雷证实存在月球的长期加速，以及潮汐引起的月球运行速度的微小变化。伊曼努尔·康德（Immanuel Kant，1724—1804）可能是首次提出“月球潮汐力能使地球的海洋隆起，并使地球的自转减慢”的人。

哈雷也从年轻的天文学家詹姆斯·布拉德雷（James Bradley，1693—1762）身上看到了潜力。1727 年，布拉德雷发现了光行差效应，天文学家需要将光行差应用到恒星位置的研究中。1748 年，布拉德雷发现了地球章动——地球自转轴的摆动，他将其原因归结为月球运动的影响，当时的观测结果表明章动比几个世纪前喜帕恰斯的发现更复杂。18 世纪中叶，德国天文学家约翰·托比亚斯·迈耶尔（Johann Tobias Mayer，1723—1762）运用新的制图技术，绘制出前所未有的高精度月球图，克罗地亚的博学天文学家鲁杰尔·朱塞佩·博斯科维奇（Roger Joseph Boscovich，1711—1787）通过分析月球遮挡其他天体，证明了月球没有大气层。几十年后，天王星的发现者威廉·赫歇尔（William Herschel，1738—1822）声称，在月球表面的阿利斯塔克环形山附近看到了三个红色的发光点，他认为那可能是活火山。

· 月球带给艾萨克·牛顿的启发（17 世纪末）、科学家思索月球起源（1873—1909 年），新发现与新机构（1958—1959 年）

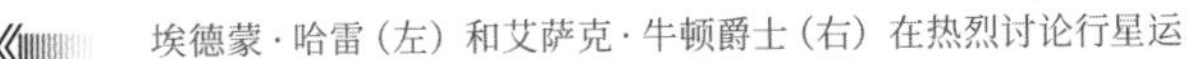

埃德蒙·哈雷（左）和艾萨克·牛顿爵士（右）在热烈讨论行星运动。

18 世纪末

伯明翰月光社 049

英国中部地区的制造商和知识分子每个月定期在伯明翰的实业家马修·博尔顿（Matthew Boulton，1728—1809）家中聚会。他们经常讨论蒸汽动力、运河、矿物学、天文学、新药、地球年龄和气体化学等主题。1760 年左右，博尔顿和伊拉斯谟斯·达尔文（Erasmus Darwin，1731—1802）成立了一个非正式的智囊团，后来将其命名为伯明翰月光社。达尔文是一位医生和植物学家。一个世纪后，他的孙子查尔斯·达尔文（Charles Darwin，1809—1882）提出了进化论、自然选择理论。

月光社成员中有詹姆斯·瓦特（James Watt，1736—1819），他的蒸汽机创新得到了博尔顿的资助和金属零件的支持，成员里还有查尔斯·达尔文的外公、陶器名家约西亚·韦奇伍德（Josiah Wedgwood，1730—1795）。后来，化学家约瑟夫·普里斯特利（Joseph Priestley，1733—1804）也加入了月光社，他发现了空气中的氧气，并指出植物也会释放出氧气。

这个团体之所以被称为月光社，是因为他们都是在接近月圆之夜举行聚会的，这样会员在聚会结束后能趁着月光安全回家。虽然当时还有其他月亮协会，但由科学技术精英组成的伯明翰月光社从中脱颖而出，他们交流思想，广泛联络英国以外的科学家，其中包括天文学家卡罗琳·赫歇尔（Caroline Herschel，1750—1848），她是威廉·赫歇尔的妹妹。

除协会头脑人物之外，会议也会由其他人召集。例如，医生威廉·斯莫尔（William Small，1734—1775），他开创了使用毛地黄药物的先河。美国独立战争之前，本杰明·富兰克林（Benjamin Franklin，1706—1790）住在伦敦，他也会从伦敦赶到伯明翰参加聚会。月光社的队伍中也包括神学派和一元论者。他们中的许多人，尤其是韦奇伍德、普里斯特利和达尔文等，还参加了废奴运动。

每次聚会从晚餐开始，然后进行讨论、演示和实验。他们不仅会讨论如何加速工业革命的制造计划，还会探讨一些奇特话题，比如达尔文提出，应该让世界各国的海军停止战争，让他们把冰山从极地搬运至赤道地区，使英国变暖的同时也给热带地区降温。

· 仪器的改良促进月球天文学的发展（18 世纪）、科学家思索月球起源（1873—1909 年）

索霍屋是伯明翰月光社定期聚会的场所，也是企业家和著名会员马修·博尔顿的家。

1824 年

观测月球的另一个医生 050

到了 19 世纪，虽然个人可以在从事其他职业的同时进行天文学研究，但像亚里士多德和阿尔 – 比鲁尼这样的通才已经很久没有再出现了。在 17 世纪时，天文学家通常是尝试了多个研究领域后，再转向天文学研究的。例如，约翰尼斯 · 开普勒在学习数学天文学之前，就曾学习过医学和法律。他还曾用他的法律知识为母亲辩护，帮母亲摆脱巫术指控。哥白尼和伽利略也同样学过医学。

因此，当巴伐利亚的医生和医学教师弗朗茨 · 冯 · 格罗特胡森（Franz von Gruithuisen，1774—1852）在 1826 年被任命为慕尼黑大学的天文学教授时，人们并不感到奇怪。在医学上，冯 · 格罗特胡森开发过肾结石的疗法。同样不必大惊小怪的是，冯 · 格罗特胡森猜想月球可能适宜生命生存，因为当时的天文学家认为月球是一个类似地球的天体。然而，令人惊讶的是，冯 · 格罗特胡森在 1824 年发表了一份报告，声称发现了月球生命的证据，月球上确实有智慧生命的文明。他观察月球表面后，发现并绘出了鱼骨状的山脊图案，他将其解释为城市街道和建筑。

冯 · 格罗特胡森还给月球的城市起了个名字——沃尔沃克（wallwerk），但当时他只有一个小型的折射望远镜用于观测，而其他天文学家的设备更先进，他们很快就证明了冯 · 格罗特胡森是错误的。1829 年，冯 · 格罗特胡森提出月面环形山是由陨石撞击形成的，丰富的想象力使冯 · 格罗特胡森领先于他人。有趣的是，最早提出“月面环形山实际上是火山口”假说的人也有两个职业，他就是詹姆斯 · 内史密斯（James Nasmyth，1808—1890），一位苏格兰工程师，因发明了蒸汽锤而发家致富，之后又转向从事月球天文学研究。月球科学不仅将天文学与工程学自然而然地融合在了一起，还吸引了许多幻想家，最开始是儒勒 · 凡尔纳（Jules Verne，1828—1905），他的科幻小说《从地球到月球》（*De la terre à la lune*）描述了三个未来人类乘坐从佛罗里达州发射的太空飞船前往月球的故事。

· 看到新月的第一缕光（11 世纪）、月球梦之旅（1581 年）、环形山新解（1948—1960 年）

这幅插图取自儒勒 · 凡尔纳的《从地球到月球》（1865）第一版中的一页，描绘的是主人公在去月球的旅途中体验失重的情形。

И ТЕМ НАГРАЖДЕНЫ УСИЛЬЯ,
БЕСПРАВИЕ И ТЬМУ.
ПЛАМЕННЫЕ КРЫЛЬЯ
СТРАНЕ
И ВЕКУ СВОЕМУ!
ЦИОЛКОВСКИЙ
ОСНОВОПОЛОЖНИК
КОСМОНАВТИКИ

19 世纪 70 年代

凡尔纳启发了航天之父 051

康斯坦丁·爱德华多维奇·齐奥尔科夫斯基（Konstantin Eduardovich Tsiolkovsky，1857—1935）十岁时因患猩红热而几乎失聪，无法在俄国上学，所以他在家里学习，阅读了一部又一部儒勒·凡尔纳的《奇异的旅行》（*Voyages Extraordinaires*）系列小说。他特别喜欢《从地球到月球》，这是一个关于三个人乘坐太空飞船到月球旅行的故事，飞船是由一门巨大的大炮发射到月球的。凡尔纳的专业是法律和艺术，但他非常擅长描述技术细节，比如功率、加速度和距离的计算。因此凡尔纳远远领先于那个时代的其他科幻作家，当然，他的故事中也有不少明显的物理学和生理学上的错误。例如，为了实现高椭圆轨道飞行到月球，飞船需要加速到约每秒 11 千米。但是，如果用凡尔纳的“哥伦布太空枪”将飞船加速到这个速度，他小说中的宇航员会死于非命。

十几岁时，齐奥尔科夫斯基就自学了牛顿物理学的基础知识。他曾设想，是否有一种方法可以将人类逐渐加速，加速到一定程度后能达到轨道速度（第一宇宙速度），甚至是以更高的速度飞向月球和其他行星。他在参加公开的讲座（在助听器的帮助下）时，显示出在物理学方面极高的天赋。齐奥尔科夫斯基在莫斯科图书馆学习期间认识了哲学家尼古拉·费奥多罗夫（Nikolai Fyodorov，1829—1903）。费奥多罗夫是一位早期的超人类主义者，他提倡应用新兴技术延长人类生命。在费奥多罗夫的鼓励下，齐奥尔科夫斯基最终通过考试，在莫斯科附近的一所学校任教。

任教期间，齐奥尔科夫斯基与天文学家约翰尼斯·开普勒有相似的经历，也发表了许多技术文章。他还制订了太空飞行器的计划草案，并最终获得政府支持建造风洞。他逐渐成为航空领域的权威，他的论文《用火箭装置探索外太空》（*Exploration of Outer Space by Means of Rocket Devices*）引起了人们的关注。这篇论文发表于 1903 年，奠定了理论航天学的基础，可能也影响了谢尔盖·科罗廖夫（Sergey Korolyov，1907—1966），他为苏联设计的火箭和宇宙飞船开启了太空时代。

另参见 ·《月里嫦娥》（1929 年）、土星 5 号登月火箭的起源（1930—1944 年）

位于莫斯科的科学家康斯坦丁·爱德华多维奇·齐奥尔科夫斯基的雕像。

1873—1909 年

科学家思索月球起源

052

古希腊时期，哲学家阿那克萨戈拉就曾提出，月球是由一块从地球抛向太空的石头形成的，但对月球起源的真正科学思索始于 1873 年。那一年，爱德华·艾伯特·洛希（Edouard Albert Roche, 1820—1883）提出了共同吸积的假说（又名“同源说”），认为早期月球和地球是由相同的物质合并在一起的。洛希的假说预言月球的物质化学成分应该与地球的相同。后来，NASA 的“阿波罗计划”发现月球物质的铁含量和挥发性物质含量比地球的要少，此外，洛希也未能解释月球轨道相对地球轨道的倾角。但是，在太空时代之前，他的观点得到了美国行星科学家拉尔夫·贝尔纳普·鲍德温（Ralph Belknap Baldwin, 1912—2010）的大力支持。

早在 1739 年，埃德蒙·哈雷就证实了，由于潮汐和地球自转，月球在进行长期加速，这意味着月球应该逐渐远离地球。到 19 世纪 90 年代，英裔美国天文学家欧内斯特·威廉·布朗（Ernest William Brown, 1896—1938）给出了月球运动与地球自转之间的更多细节。除此之外，洛希在法国做共同吸积假说的研究时，查尔斯·达尔文之子、英国地球物理学家兼天文学家乔治·达尔文（George Darwin, 1845—1912）也证实月球离地球是越来越远的。1878 年，达尔文与奥斯蒙德·费希尔（Osmond Fisher, 1817—1914）提出假设——月球实际上是从地球分裂出去的。根据他们的计算，大约 5600 万年前，月球从地球上分裂出去后，地球所缺失的那块形成了太平洋盆地。达尔文 – 费希尔的月球起源分裂假说认为地球比过去要旋转得快，甚至比行星科学家认为的要快得多。

1909 年，美国天文学家托马斯·杰斐逊·杰克逊·西伊（Thomas Jefferson Jackson See, 1866—1962）设想，月球是在离地球很远的地方形成，然后被地球的重力场捕获的。后来，杰克逊的“捕获假说”受到了诺贝尔奖得主、物理化学家哈罗德·尤里（Harold Urey, 1893—1981）的支持。然而，通过分析“阿波罗计划”收集的月球岩石表明，月球和地球的氧同位素比例是一致的，这意味着从化学上来说，这两个星球并没有太大的不同。因此，月球起源的奥秘还有待揭晓。

另参见 · 月球形成（45 亿年前）、准备新任务（2018 年）

NASA 的实验室技术人员在研究月球岩石，这块岩石是由阿波罗 14 号的宇航员从月球的弗拉·毛罗环高地带回来的。

1914—1922 年

利用月球证明广义相对论 053

1907 年到 1915 年，阿尔伯特·爱因斯坦（Albert Einstein，1879—1955）发展了广义相对论，他的这个里程碑式的理论最初发表于 1911 年。由于爱因斯坦的广义相对论取代了牛顿的引力理论，将引力重新定义为时空弯曲，因此他的学术地位得到了提高，但同时也引发了学术界的强烈反对。在反对爱因斯坦的科学家中，有一位天文学家托马斯·杰斐逊·杰克逊·西伊，他提出“捕获理论”来解释月球的起源。

广义相对论预言，太阳的引力能弯曲另一颗恒星的光，因此爱因斯坦意识到，天文学家可以帮助他验证广义相对论的预言。天文学家观测出现在太阳附近的恒星时，通过对比同一颗恒星在日全食时的位置和一年中其他时间的位置变化，就可以得到太阳引力导致的星光偏转。这种光线弯曲的现象只有在日全食时才能观测到。

1914 年 8 月 21 日，在俄国境内的克里米亚可以观测到日食，因此爱因斯坦安排年轻的德国天文学家埃尔温·芬利–弗罗因德利克（Erwin Finlay-Freundlich，1885—1964）前往观测。美国天文学家威廉·华莱士·坎贝((William Wallace Campbell，1882—1938）和弗罗因德利克带着非常特殊的设备前往基辅（乌克兰首都）郊外。不幸的是，7 月 28 日，他们正在旅途中时，第一次世界大战爆发，8 月 1 日德国向俄国宣战。由于弗罗因德利克是一名德国人，而且还携带着望远镜摄像机，俄方认为他是间谍，随即逮捕了他。与此同时，有云的天气也破坏了坎贝的这次观测，随后他的设备也被没收了。然而，如果这次成功地观测到了日食，爱因斯坦的名誉可能会受损，因为他之后发现这在计算中是有错误的。随后爱因斯坦重新研究了广义相对论，当然他同样需要通过日食观测来验证他的理论。

1918 年，由于俄国还没有把坎贝的新进设备归还给他，因此他只能用劣质仪器观测日食，所以没有观测到光线的偏转。1919 年，英国天文学家亚瑟·爱丁顿（Arthur Eddington，1882—1944）在非洲的丛林里用精良的设备观测另一次日食时，发现太阳的引力确实会使星光发生偏转，这与广义相对论预言精确吻合。1922 年，坎贝和其他人观测的日食证实了爱丁顿的发现。

另参见 · 月球带给艾萨克·牛顿的启发（17 世纪末），科学家思索月球起源（1873—1909 年）

阿尔伯特·爱因斯坦（左上）和亚瑟·爱丁顿（左下）与同事们的合影，摄于 1923 年。

1926 年

第一艘液体燃料火箭

054

1899 年秋，罗伯特·戈达德（Robert Goddard, 1882—1945）爬上马萨诸塞州后院的一棵樱桃树，眺望着远方的田野。突然他脑中闪过一个念头，要是一艘飞船能在热气流的作用下飞向火星该多好啊。此时，17 岁的戈达德只知道烟花可以借力飞行，因为它本质上是一根装满固体燃料的管子。每年 7 月 4 日，戈达德都喜欢看烟花燃放，但真正让他心驰神往的是 H. G. 韦尔斯（H. G. Wells）在小说《星际战争》（*The War of the Worlds*）中描绘的太空飞行。此刻，站在树上，看着远方，戈达德想，或许这种小型“火箭”可以放大后飞向太空。

1914 年，已是物理学教授的戈达德申请了一个液体推进剂的专利。众所周知，液体燃料需要立刻全部点燃，而火箭则需要燃料缓慢燃烧供能，所以戈达德面临巨大挑战。他的解决办法是利用液氧，因为液氧既可以作为逐渐输送到发动机的助燃物，也可以作为防止发动机爆燃的冷却剂。

1917 年，史密森学会给了戈达德一小笔经费用于这项研究。最终，1926 年 3 月 16 日，在马萨诸塞州奥本市，戈达德成功发射了第一枚液体燃料火箭。这极大地提高了戈达德的公众声誉，有力地回击了之前（自 1920 年以来）来自社会各界的质疑和嘲讽。当时，他在《史密森学会杂志》（*Smithsonian*）的文章《一种到达极大高度的方法》（*A Method for Reaching Extreme Altitudes*）一文中提出，火箭可以到达月球。随后，《纽约时报》的一篇社论嘲笑戈达德，由于火箭必须推开空气前进，因此它无法在太空中工作。这篇社论曲解了牛顿的第三运动定律，这不过是媒体惯用的嘲讽手段。

1926 年成功发射第一枚火箭后，戈达德又研制了多枚火箭，进行了无数次的发射，这引起了飞行员查尔斯·林德伯格（Charles Lindbergh, 1902—1974）的注意。林德伯格设法从古根海姆家族筹到了一笔钱给戈达德。1937 年，戈达德用这笔钱将火箭发射到 2.7 千米的高度，并最终解决了火箭飞行的所有基本问题。在此过程中，戈达德还参与了深空任务中离子推进（电力推进）的研制。1969 年，也就是戈达德去世 24 年后，《纽约时报》才为那篇社论道歉。就在那一天，阿波罗 11 号借助火箭发动机登月成功。

另参见 ·《月里嫦娥》（1929 年）、BIS 月球飞船设计（1938 年）、土星 5 号登月火箭的起源（1930—1944 年）

1926 年 3 月 16 日，罗伯特·戈达德博士发射了世界上第一枚液氧火箭，当天他站在早期的模型旁边，拍下了这张照片。

1929 年

《月里嫦娥》

儒勒·凡尔纳的《从地球到月球》不仅启发了康斯坦丁·齐奥尔科夫斯基，还启发了另外两位梦想家，他们与齐奥尔科夫斯基和罗伯特·戈达德一起，提出了航天学的基本原理，其中一位梦想家是凡尔纳的同胞罗伯特·埃斯诺–佩尔特里（Robert Esnault-Pelterie, 1881—1957）。埃斯诺–佩尔特里和齐奥尔科夫斯基一样，认识到发射大炮会造成探测月球的宇航员死亡和仪器损毁。因此，1931 年，他在法国试验液体燃料火箭。后来，他提出深空探测飞船也可以依靠核能飞行。就像戈达德在美国遭遇的情境一样，虽然埃斯诺–佩尔特里有远见卓识，却无法引起政府对航天事业的兴趣。

另一位受凡尔纳启发的梦想家是出生于罗马尼亚、在德国接受教育的物理学家赫尔曼·奥伯特（Hermann Oberth, 1894—1989）。奥伯特 16 岁进入大学学习医学，希望成为一名医生，在第一次世界大战中应征入伍后，奥伯特被分配到家乡特兰西瓦尼亚的一家医院。回到家乡的奥伯特重拾童年火箭试验兴趣，在那里进行模拟失重实验。

1929 年，奥伯特测试液体燃料火箭发动机的同时，致力于多级火箭的战略研究，齐奥尔科夫斯基和戈达德也认为这将是实现太空飞行的关键。除了科学研究之外，奥伯特还积极推广太空探索的愿景，当然包括他的阶段性构想。德国某制片公司找到奥伯特担当 1929 年无声电影《月里嫦娥》的科学顾问，影片讲述的是一群科学家和商人到月球上寻找黄金的故事。在影片中，奥伯特加入了多级火箭的概念，还加入一些我们现在知道的太空飞行的特征。这些特征包括：火箭组装大楼（组装好后，火箭被运送到发射台）；利用发动机下的水来减小发射振动；宇航员水平位置定位器（用来增加发射时对重力承受力）；倒计时装置。由于影片中火箭的某些细节与真实火箭计划太相似了，纳粹出于信息保密的考量，这部科幻电影于 1933—1945 年在德国被禁播。

· 凡尔纳启发了航天之父（19 世纪 70 年代）、BIS 月球飞船设计（1938 年）、土星 5 号登月火箭的起源（1930—1944 年）

德国无声电影《月里嫦娥》剧照，人物角色从火箭上下来，登上月球。

1938 年

BIS 月球飞船设计

056

罗伯特·戈达德无法让美国政府相信液体燃料火箭的潜力，但他却收到了纳粹德国工程师关于技术问题的请教。在德国人眼里，戈达德是一位潜在的合作者，因为他与查尔斯·林德伯格有联系，而在当时（20 世纪 30 年代末）林德伯格是一位坚定的白人至上主义者、反犹主义者和纳粹支持者。然而，戈达德回绝了德国人，德国人想把戈达德变成合作者的计划落空了。但是德国人又从另一方面入手，他们仔细研究戈达德发表的文章，并在德国国防军的资助下发展了戈达德的创新点，还加入了他们自己的想法，造出了以携带炸弹为目的的“合成火箭”。

美国无视火箭研制，而纳粹德国研制火箭是为了发展武器，因此太空探索的前景一片暗淡。更糟糕的是，战争迫在眉睫，未来更是一片渺茫。可喜的是，1938 年，成立仅 5 年的英国行星际学会（BIS）看到了戈达德对太空探索的未来构想和德国的技术创新，因此 BIS 的工程师们开始考虑着手设计多级火箭。戈达德曾详细描述过这种火箭的技术细节，赫尔曼·奥伯特也在电影《月里嫦娥》里作为技术顾问推广过多级火箭。

使用多级液体燃料发动机会进一步提高火箭的性能，BIS 设计团队还想到了用发动机集群的方法。为了实现到达月球所需的飞行能力和速度变化，该团队设计了五个较低的火箭级，每级有 168 台发动机，第六级有 45 台发动机。发动机集群可能产生的联合推力，多级设计使载人航天看起来是能够实现的。但是，BIS 团队并没有实现戈达德将人类送上火星的梦想，而是提出了一个有更合理目标的概念设计：一艘能将三个人送上月球并停留 14 天后安全返回地球的宇宙飞船。

BIS 的工程师们意识到他们的设计中存在许多技术障碍，特别是发动机集群，这些技术障碍直到 20 世纪 50 年代才得以解决。这个设计的目的是证明月球飞行是行得通的，在经济上也是可行的。他们不知道的是，仅三十年后，人类就实现了飞向月球的梦想。

· 第一艘液体燃料火箭（1926 年）、土星 5 号登月火箭的起源（1930—1944 年）

拉尔夫·安德鲁·史密斯（Ralph Andrew Smith）画的月球飞船，他在 1956 年至 1957 年担任英国行星际学会的会长。

1930—1944 年

土星 5 号登月火箭的起源 057

康斯坦丁·齐奥尔科夫斯基、罗伯特·戈达德、罗伯特·埃斯诺–佩尔特里和赫尔曼·奥伯特确立了航天学原理，而实现登月任务的则是第二代太空先驱。1930 年前后，十几岁的太空爱好者沃纳·冯·布劳恩（Wernher von Braun，1912—1977）加入了奥伯特的研究团队。在此期间，冯·布劳恩获得了航空航天工程学士学位，同时参与了一个军事火箭研究项目，项目由魏玛共和国防卫军的沃尔特·多恩伯格（Walter Dornberger, 1895—1980）领导。1933 年，纳粹控制了德国后，这个项目继续资助冯·布劳恩开展博士研究，但他所在的奥伯特团队的任务是研发合成火箭。

1935 年起，在纳粹德国国防军接管了这个项目后，研究经费大幅增加，并把研究人员重新安置到波罗的海沿岸的佩内明德。1942 年 10 月，一枚 A–4 高空火箭首次升空，多恩伯格由此宣布太空旅行的时代已经到来。这个宣言无疑是站得住脚的，因为这次火箭升空直接促进了土星 5 号助推器的诞生，进而将宇航员送上月球。不久，1944 年 6 月，其中一枚 A–4 火箭的飞行高度就达到了 174 千米，这才是真正的太空飞行。

然而，德国国防军只对炸弹投放感兴趣。冯·布劳恩觉得，只有得到军方的支持和资助，太空项目研究才有出路，因此 1938 年他加入纳粹党，两年后“应邀”成为一名党卫军军官。1944 年 9 月，载有炸弹的 A–4 火箭开始袭击伦敦，A–4 后来更名为 V–2，“V”代表复仇。知道此事后，冯·布劳恩仍然认为火箭应该用在太空探索上，而非战争中，他说：“火箭表现出色，只是它着陆在错误的星球上。”

历史学家研究了冯·布劳恩的著作和各种证词后认为，他不崇拜军国主义或纳粹意识形态，除此之外，历史学家也在努力探究他在纳粹时期的良知。航空历史学家迈克尔·纽菲尔德（Michael Neufeld）称冯·布劳恩是“梦游般地走进了一桩浮士德式的交易中”。值得注意的是，还是有其他 V–2 设计师狂热地信仰纳粹主义，然而他们中的一些人也帮助美国启动了太空计划。

· 第一艘液体燃料火箭（1926 年）、《月里嫦娥》（1929 年）、阴云行动（1945 年）、新发现与新机构（1958—1959 年）、计划实施月球任务（1962 年）

沃纳·冯·布劳恩博士站在土星 5 号的发动机旁。

1945 年

阴云行动

1945 年，美国开始实施“阴云行动”，搜集德国各个领域的技术专家。行动计划得到总统哈里·杜鲁门（Harry Truman, 1884—1972）的批准，后来更名为“回形针行动”，共运送了1600 名技术专家到美国，其中包括沃纳·冯·布劳恩。随着同盟国和苏联的节节胜利，冯·布劳恩和同事一面忙于策划向美国投降，一面又在执行党卫军指挥官的命令——销毁所有有关火箭的文件。冒着被处决的危险，冯·布劳恩和他的助手迪特尔·休泽尔（Dieter Huzel, 1912—1994）把火箭设计图藏了起来。与此同时，杜鲁门总统下令，征募的德国专家中不得包括战争罪犯。

绕过杜鲁门总统“不得招募战争罪犯”的命令而秘密行事，是月球探索史上擦不去的丑闻。为了在竞争中胜过苏联，美国情报人员审核俘虏背景时，会对掌握特殊技能的德国战俘特别对待，而其他为纳粹德国提供过战争资源的战俘会在纽伦堡国际军事法庭上接受审判。

早在 1943 年，盟军轰炸了佩内明德火箭基地，V–2 的生产转移到了南方的米特尔维克的山里，这是一个设在隧道中的工厂。米特尔维克生产出的火箭导致伦敦和安特卫普约 9000 人死亡，据估计，为了在这个隧道工厂中生产 V-2 火箭，朵拉集中营中多达 2 万人被奴役劳作，死于恶劣环境。后来，英国人俘虏了沃尔特·多恩伯格，还特意调查了他在米特尔维克可能犯下的战争罪，他被释放后还在美国空军服役。20 世纪 80 年代的一份调查表明，V–2 火箭工程师亚瑟·鲁道夫（Arthur Rudolph, 1906—1996）提出用集中营中的人进行火箭生产，他在 1931 年狂热地加入了纳粹党。1945 年，鲁道夫、冯·布劳恩以及 V–2 火箭团队的其他成员一起被带到了美国。1963—1968 年，鲁道夫担任美国 NASA 土星 5 号登月火箭的项目主任。1984 年，他放弃了美国公民身份，为避免战争罪的起诉而逃离美国。在德国生产 V–2 火箭期间，冯·布劳恩也曾在米特尔维克奴役计划上签了名，后来，他承认在隧道里目睹了奴役场面。

· 土星 5 号登月火箭的起源（1930—1944 年）、新发现与新机构（1958—1959 年）、计划实施月球任务（1962 年）

这条米特尔维克隧道通向存放 V–2 火箭配件的仓库。

1948—1960 年

环形山新解 059

1829 年，弗朗茨·冯·格鲁伊森（Franz von Gruithuisen）断言月球的环形山是陨石撞击形成的。但是，当时和其后一段时间的科学家却认为月球的环形山是火山口。1918 年，丹尼尔·巴林杰（Daniel Barringer, 1860—1929）在研究位于亚利桑那州北部的一个环形巨坑时，重新提出了撞击理论，他还说服其他地质学家相信这确实源自一次撞击。为了纪念他，这个环形山被命名为“巴林杰环形山”。当时，美国地质勘探局（USGS）的格罗夫·卡尔·吉尔伯特（Grove Karl Gilbert, 1843—1918）却坚持认为巴林杰陨石坑是一个火山口。其实到 20 世纪 40 年代，地质学家对环形山的形成仍有不同的看法，然而第二次世界大战改变了这一局面。

就像推动火箭技术的发展一样，弄清环形山的形成也与人类的新武器——原子弹有关。当时，大批科学家被派去研究核爆炸对生物和地球物理的影响。正是在这样的背景下，尤金·梅尔·舒梅克（Eugene Merle Shoemaker, 1928—1997）在美国地质勘探局的资助下开始了他的研究生学习，研究内华达州核试验场的核爆炸坑。1948 年，年仅 19 岁的舒梅克就从加州理工学院获得学士学位，仅一年后又在本校获得硕士研究生学位，随后入职美国地质勘探局，十年后获得普林斯顿大学博士学位。

在内华达州的试验基地，舒梅克在爆炸坑的周围由喷射物形成的环中发现其中含有冲击石英。微观分析表明，冲击石英是一种在极端高压下形成的特殊结构，另外，舒梅克在巴林杰环形山也发现相似结构。火山活动不可能产生足以形成冲击石英的巨大压力，但陨石撞击可以。舒梅克由此得出结论：巴林杰环形山是由富铁陨石撞击形成的。他推断，月球上也一定会有相似的撞击坑。舒梅克的观点在一定程度上与行星科学家拉尔夫·贝尔纳普·鲍德温提出的假设——月球上的环形山是由撞击事件造成的——相吻合，尽管他们提出的形成机制略有不同。因此，舒梅克被认为是新学科天文地质学的奠基人。

· 观测月球的另一个医生（1824 年）、天体地质学（1964—1965 年）、月球勘探者探测器（1998 年）

亚利桑那州北部的巴林杰环形山是陨石撞击形成的，不是火山遗迹，这一发现令科学家意识到，月球上的环形山也是由类似的撞击形成的。因此巴林杰环形山也被称为巴林杰陨石坑，其宽约 1.2 千米，深约 170 米。

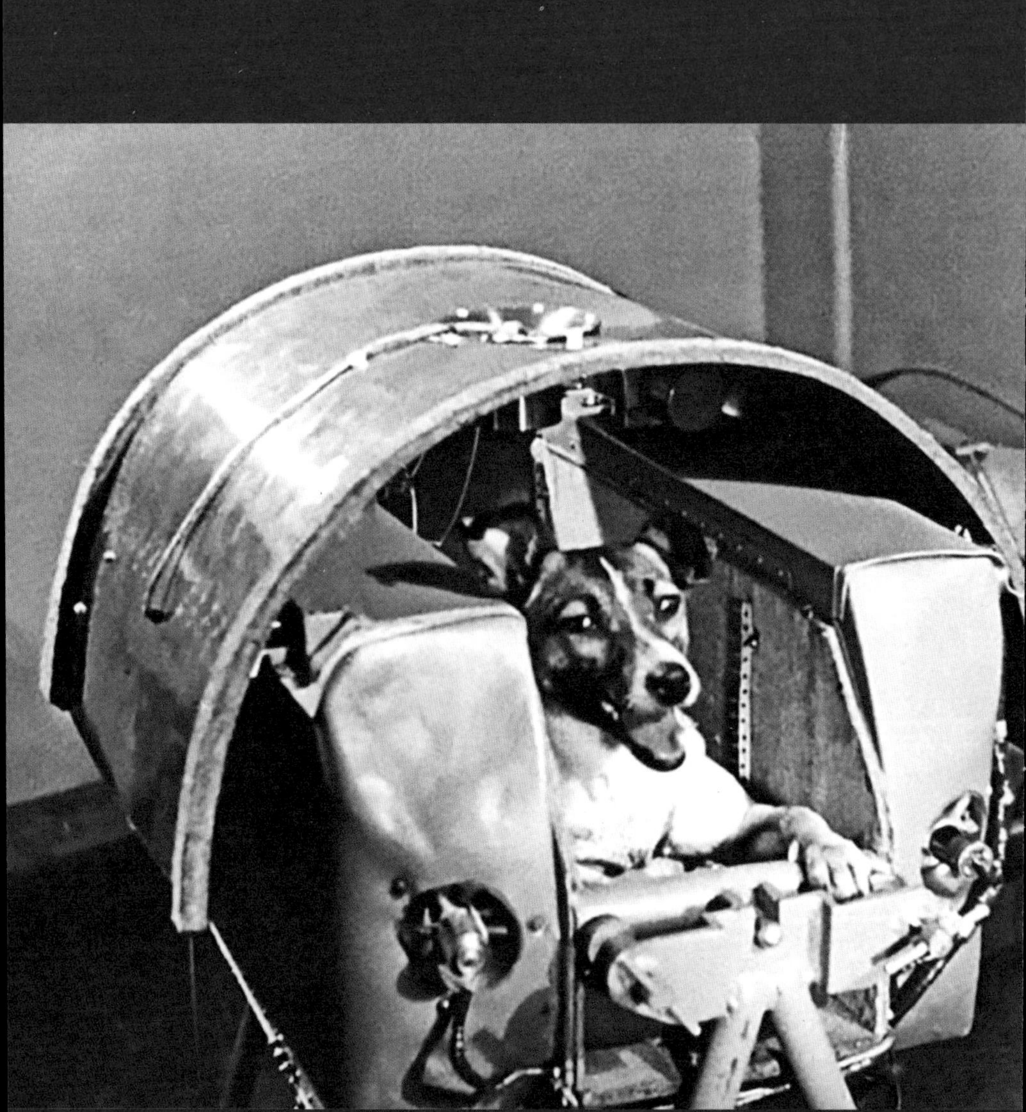

1957 年

斯普特尼克号

美国和苏联的火箭工程师为军事需要研发了导弹后，呼吁政府允许他们启动太空项目，将卫星送入轨道，为其他太空飞行包括登月飞行做准备。这些工程师来自饱受战争之苦的德国，除此之外，还有一位是苏联的谢尔盖·科罗廖夫。1933 年，科罗廖夫发射了苏联第一枚液体燃料火箭。但 1938 年他被关进了监狱，直到第二次世界大战结束前夕才被释放。战后，他与德国工程师一起构建苏联的火箭项目。

1953 年，美国和苏联都已有了氢弹，苏联还想研制能够携带 5 吨弹头的洲际导弹。科罗廖夫希望在满足军方的需求后，军方可以让他发射一颗卫星，于是他提出了一种新型火箭——R–7，由数十个集群发动机推动，这多少让人想起了英国行星际学会曾在 1938 年为月球飞船设计的发动机集群。

R–7 试飞成功后，科罗廖夫又想到了卫星。由于卫星可以用在间谍活动中，所以他向当时的苏联领导人尼基塔·赫鲁晓夫（Nikita Khrushchev, 1894—1971）提交了他的卫星想法。赫鲁晓夫不知道美国已经在研发间谍卫星（尽管还没有能力发射），所以刚开始他对科罗廖夫的想法持怀疑态度。但考虑到宣传的价值，他还是给科罗廖夫发射卫星开了绿灯。1957 年 10 月 4 日，科罗廖夫发射了一颗篮球大小的卫星——斯普特尼克号，它只携带一个发射机，通过发射电波来证明卫星确实进入了近地轨道。得知苏联卫星上天后，美国人既着迷又担心。一些记者甚至推测斯普特尼克号可能携带着一颗核弹。一个月后，科罗廖夫发射了斯普特尼克 2 号，它携带了一只名叫莱卡的狗上天，莱卡在轨道上存活了 5 个小时后死于中暑衰竭。莱卡死后成了著名的太空犬，但世人却不知道科罗廖夫。为了保护科罗廖夫，他的身份一直是国家机密。

· 凡尔纳启发了航天之父（19 世纪 70 年代）、BIS 月球飞船设计（1938 年）

莫斯科街头的流浪狗莱卡成为第一个绕地球飞行的动物。

UE

1958 年

探险者 1 号 061

1950 年，美国陆军将沃纳·冯·布劳恩的德国火箭设计团队从得克萨斯州转到亚拉巴马州亨茨维尔的红石兵工厂。在招募了一些美国工程师加入后，1956 年成立了美国陆军弹道导弹局（ABMA），由少将约翰·梅达里斯（John Medaris, 1902—1990）领导，冯·布劳恩任技术主任。当时 ABMA 的任务是将 V–2 火箭升级成用在军事上的系列弹道导弹——红石。此前，1954 年，作为陆军和海军轨道器项目的一部分，陆军提出利用红石火箭发射卫星，但在卫星项目争夺中败于海军，因而海军有了自己的“先锋”卫星发射项目。

为了获得公众对太空探索的支持，冯·布劳恩与华特·迪士尼工作室（Walt Disney Studios）合作，将对未来太空飞行的设想制作成了一个动画视频。为了再次跟海军合作，冯·布劳恩开展了一次叫“丘比特 –C”的红石火箭演示，并且 ABMA 宣布，准备在 1956 年 6 月发射一颗卫星。卫星研制落到加州喷气推进实验室（JPL）的头上，研制任务由威廉·皮克林（William Pickering, 1910—2004）牵头，另外，JPL 还需要设计出将卫星送入轨道的火箭的上面三级，这耗费了大量时间。而此时，艾森豪威尔政府决定放弃德国的 V–2 衍生物，由美国火箭来开启太空时代，所以允许海军进行第一次发射尝试。先锋号定于 1957 年 12 月在佛罗里达州卡纳维拉尔角发射。在一个月前，斯普特尼克 2 号已将莱卡送入了太空。由于先锋号卫星很小，尼基塔·赫鲁晓夫戏称它为“葡萄柚”，雪上加霜的是，在电视直播中，先锋号升空仅一米后就损毁爆炸了。

1958 年 1 月 31 日，ABMA–JPL 团队将探险者 1 号卫星发射到了一个非常高的轨道上，比苏联的两次卫星发射都要高。探险者 1 号上搭载了一台宇宙射线探测仪，这是由爱荷华大学物理学家詹姆斯·范·艾伦（James Van Allen, 1914—2006）所设计的，它探测到了在特定区域和高度被地球磁场捕获的辐射粒子。因此，范·艾伦提出了辐射带的存在，这在后来的载人登月计划中至关重要的。

· 新发现与新机构（1958—1959 年）、阿波罗生物堆号（1972 年）

1959 年 1 月 31 日，探险者 1 号在佛罗里达州卡纳维拉尔角发射升空，成为美国第一颗人造地球卫星。

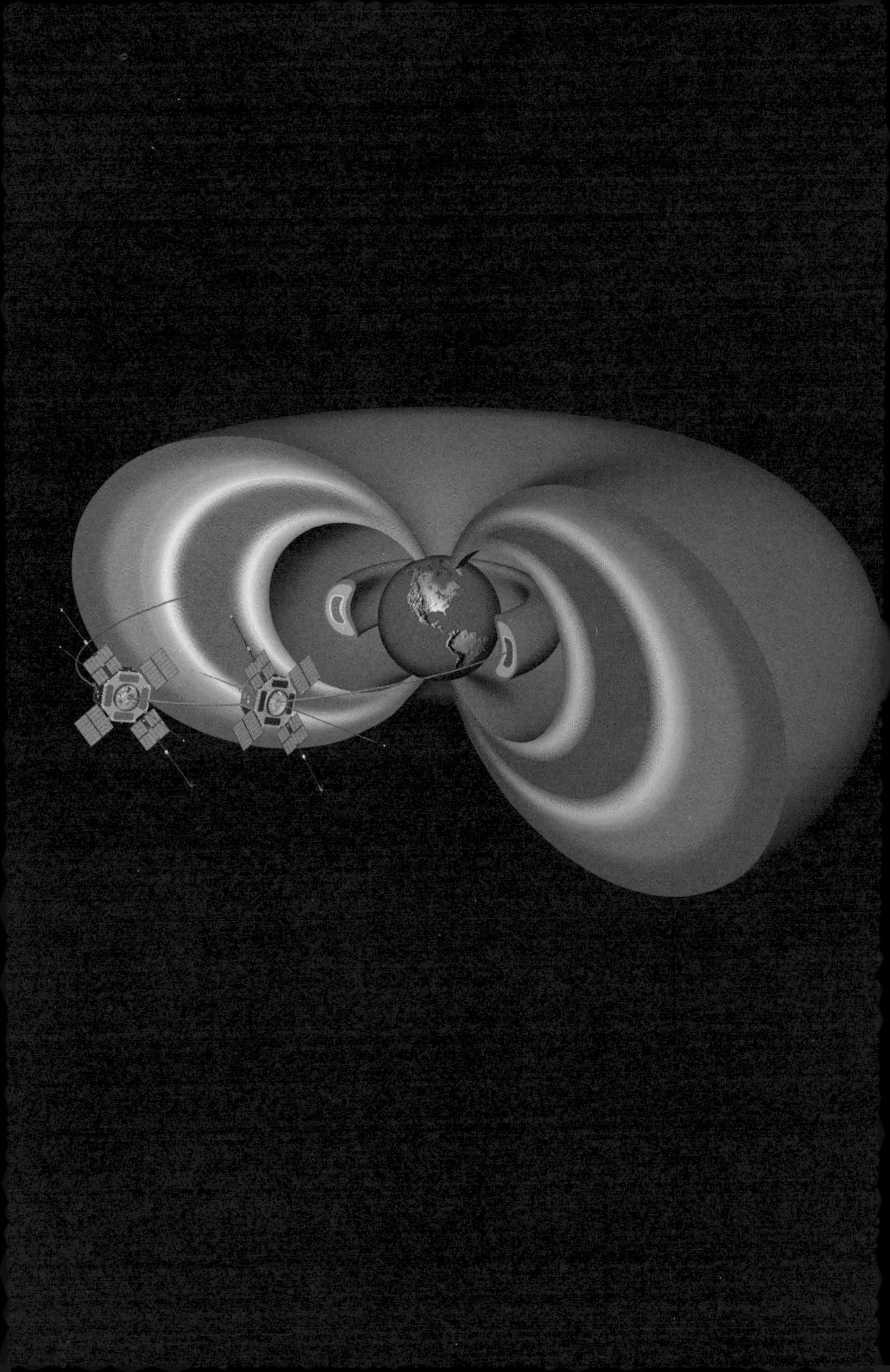

新发现与新机构

国际地球物理年期间(1957 年 7 月 1 日至 1958 年 12 月 31 日，为期 18 个月)，有两个对人类登月计划具有重要意义的进展。一个是范·艾伦辐射带的发现及其早期研究，另一个是美国国家航空航天局(NASA)的成立。

由于地球磁层的存在，飞向地球的深空带电粒子到达近地空间时方向会有偏离，并且它们会被磁场俘获，在高层空间形成辐射带，詹姆斯·范·艾伦用探险者 1 号、3 号和 4 号上的宇宙射线探测器发现了它，因此它被叫作范·艾伦辐射带。这些发射于 1958 年的探测器就是穿过了内范·艾伦带——俘获太空辐射粒子的哑铃状区域。当然也有外范·艾伦带，并且和内带形状相似(2013 年，NASA 发射的两个范·艾伦探测器观测到：当有太阳高能粒子事件发生时，会出现第三条范·艾伦带)。

范·艾伦带的存在意味着人类月球飞船将不得不避开这些电荷最密集的区域。探险者 1 号、3 号和 4 号飞船都没有到达外带，但是苏联的斯普特尼克 3 号飞船探测到了外带，另外，其实斯普特尼克 2 号也已经飞越了外带，不过只是当时人们还不知道范·艾伦带的存在。1958 年 12 月，美国发射的先驱者 3 号试图到达月球时，也证实了外带的存在。1959 年 1 月 4 日苏联发射的月球 1 号同样证实了外带的存在，随后，这艘飞船飞越月球，并成为第一艘绕太阳飞行的人造飞船。

NASA 的成立对探月进程也很重要。在太空竞赛早期，美国陆军、海军和空军都独自执行太空任务。直到 1958 年 10 月 1 日 NASA 成立后，情况才发生了变化。NASA 合并国家航空咨询委员会(NACA)的同时，开始管理加州理工学院的喷气推进实验室(JPL)，并吸收了海军和陆军的航天中心，包括陆军弹道导弹局(ABMA)，ABMA 随后被命名为马歇尔航天中心。作为 NASA 的成员，沃纳·冯·布劳恩开始了研发新的火箭家族——土星号火箭。土星号最终帮助人类完成了登月任务。

· 仪器的改良促进月球天文学的发展(18 世纪)、阿波罗生物堆号(1972 年)

范·艾伦内外辐射带的艺术概念图。外带的形状随太阳活动的变化而变化。现在已知在太阳高能粒子事件发生时还会出现第三个范·艾伦带。

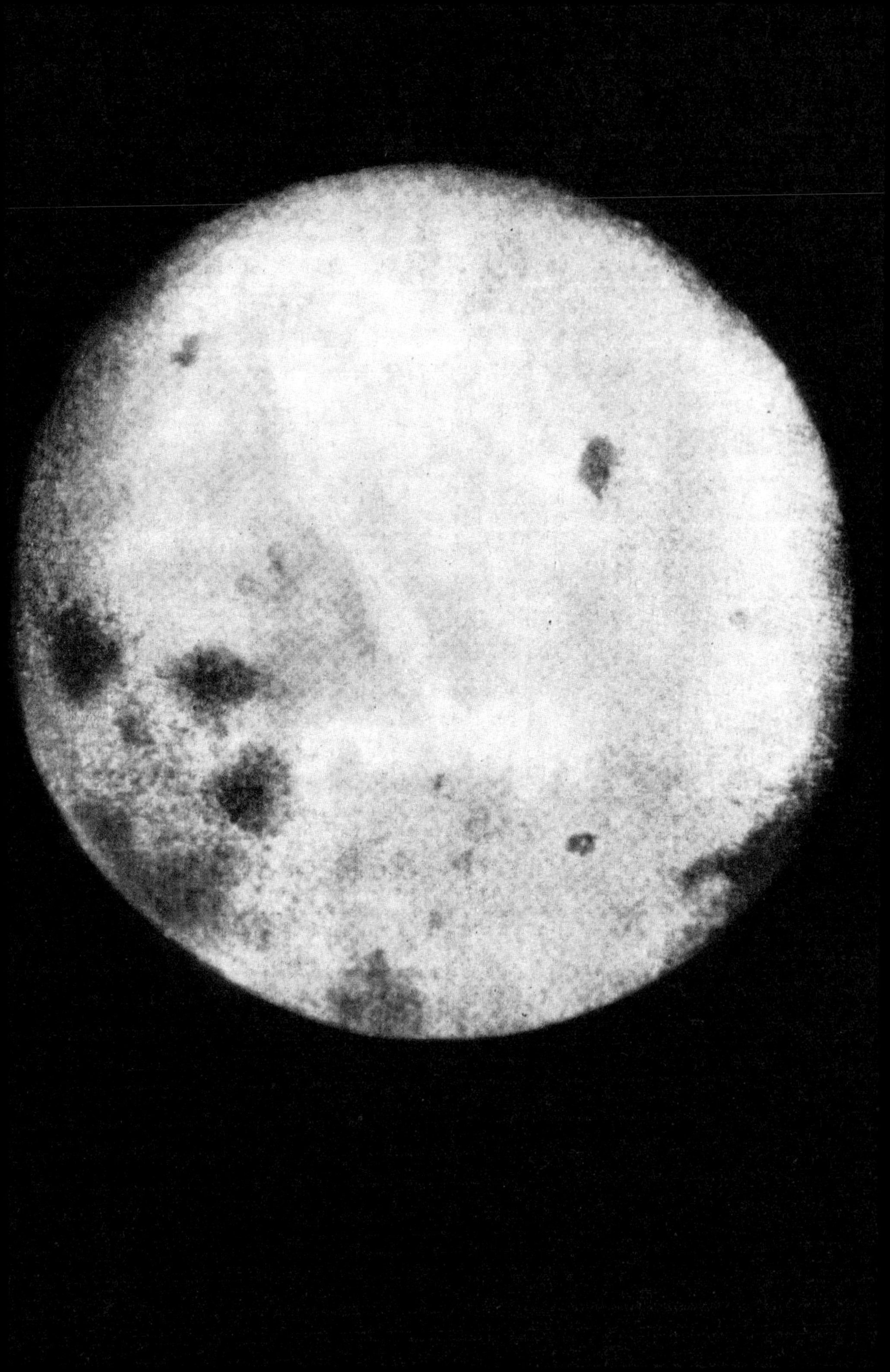

1959 年

第一张月球背面的照片

在苏联和美国将卫星送入轨道后，有传言说这两个超级大国在进行太空竞赛，竞赛的终点是月球。1959 年 9 月，苏联发射月球 2 号飞船飞向月球，当时苏联领导人尼基塔·赫鲁晓夫正在美国访问，他极力宣传这一成就，在参观爱荷华州的一家香肠包装工厂时说："我们在月球探测上打败了你们，而你们在香肠制作上打败了我们。"

仅仅三周后，苏联就取得了更大的科学胜利。1959 年 10 月 6 日，月球 3 号探测器绕月飞行，传回了月球背面的照片，在地面上的人类是永远也看不到月球背面的。虽然月球 3 号传回的照片质量不是很好，但神奇的是，从照片中可以发现，月球背面的月海比较少，而我们从地球上可以看到月球正面许多黑色的"海洋"特征。

虽然月球 3 号的成功已经是科学史上的一个里程碑了，但苏联和美国都有进一步将人类送入轨道的计划。由于谢尔盖·科罗廖夫的 R–7 洲际导弹威力强大，足以发射氢弹，因此，只要将 R–7 做一些改动，就可以将人类送入轨道。与此同时，美国也在研发阿特拉斯火箭，它可同时用于运送炸弹和载人轨道飞行。1960 年，在军方资助下，科罗廖夫团队设计研制出了东方号载人飞船。在此期间，发动机专家瓦连京·格鲁什科（Valentin Glushko，1908—1989）也给军方设计了一款新的发动机，把自燃燃料和氧化剂等化学物质混合在一起就会自燃。在安全预防措施下，自燃技术保证了后来 NASA"双子座任务"和"阿波罗任务"的成功，但在 1960 年，载人飞行听起来还是很危险的，因为燃料产生的烟对肺部有害。格鲁什科设计的发动机能快速紧急发射火箭，因此，R–7 不再用于武器发射。面对潜在的资助资金危机，科罗廖夫加速研究，以证明由 R–7 火箭发射的东方号飞船可以将大型哺乳动物送入轨道并安全返回地球。

· 斯普特尼克号（1957 年）、月球科学的开端（1964 年）

苏联月球 3 号探测器拍摄的月球背面照片，这是人类首次看到月球背面。

СССР

1961 年

人类进入太空

面对可能出现的预算削减，苏联太空飞船设计师谢尔盖·科罗廖夫急于证明，他的新东方号太空舱可以用 R–7 火箭把人安全送上太空。1957 年，斯普特尼克 2 号把小狗莱卡送上天，莱卡在飞行几小时后就因中暑衰竭而死。1960 年，科罗廖夫以生还为目标，开始分批次将犬类“宇航员”送上轨道飞行，有时两只两只地发射，有时只发射一只。最终的结果是，犬类“宇航员”的存活概率大约有 50%。

与此同时，科罗廖夫正在秘密着手进行一个宇航员的选拔计划，当时，连应征人员都不知道他们在竞争什么，只有通过后才会被告知具体情况。在地球的另一端，NASA 在新闻发布会上宣布了它的第一个载人航天计划——“水星计划”，招募的首批 7 名宇航员成为公众的焦点。“水星计划”的目标是轨道飞行，但用来运载水星号飞船的阿特拉斯火箭却发生了事故，更为紧迫的是，情报称，苏联的载人航天已接近成功。

因此，NASA 选择将第一个水星太空舱挂载在红石火箭上。经过数百次改进，沃纳·冯·布劳恩终于研制出了安全的红石载人航天器，但它发射的水星太空舱只能进行亚轨道飞行。一次运送黑猩猩实验时，火箭故障引起的过度加速几乎让这只黑猩猩处在失重状态，进而失去了意识，危及生命。可喜的是，这只黑猩猩经历了此次飞行的各个阶段后，幸运地活下来了。这证明，人类宇航员也许可以进行亚轨道飞行。随后，冯·布劳恩和他的团队发现了故障原因，并解决了它。因此，飞行指挥员克里斯托弗·克拉夫特（Christopher Kraft，1924—2019）确信载人飞行是安全的，可以进行尝试。克拉夫特是太空飞行操作的先驱和任务控制概念的发明者。但是，冯·布劳恩的团队想要再进行一次实验，因此将首次水星载人飞行推迟到了 1961 年 4 月 12 日以后。正是在这一天，宇航员尤里·阿列克谢耶维奇·加加林（Yuri Alexevevich Gagarin, 1934—1968）成为第一个进入太空的人，完成了历时 108 分钟绕地球一周的轨道飞行。不过，加加林飞行的轨道离地球最高点只有 177 海里，因此他只是在略高于地球大气层的轨道上飞行。

· 斯普特尼克号（1957 年）、探险者 1 号（1958 年）、太空中的美国人（1961 年）

穿着宇航服的苏联宇航员尤里·阿列克谢耶维奇·加加林，摄于 1961 年。

1961 年

太空中的美国人 065

“我认为我们国家应该竭尽全力在十年内实现一个目标，即让人类登上月球，并安全返回地球。”

——约翰·菲茨杰尔德·肯尼迪《关于国家紧急需要致国会特别咨文》，1961 年 5 月 25 日

1961 年 5 月 5 日，NASA 将宇航员艾伦·谢泼德（Alan Shepard, 1923—1998）送上亚轨道，飞行了 15 分 28 秒。谢泼德的任务包括 6 分钟的失重体验和从太空回望地球。

加加林的名字家喻户晓，但苏联太空计划的组织者谢尔盖·科罗廖夫的名字却鲜为人知，因为苏联国家安全委员会把科罗廖夫的身份定为国家机密。

同样不为世人所知的还有苏联太空计划中的权力斗争。科罗廖夫和发动机专家瓦连京·格鲁什科之间的个人矛盾一直很严重，到了 1960 年，由于发动机策略上的分歧，这种矛盾被进一步激化。情况更为严峻的是，一方面科罗廖夫极度想要完成载人登月任务，而另一方面，工程师弗拉基米尔·切洛梅（Vladimir Chelomey, 1914—1984）赢得了苏联领导人尼基塔·赫鲁晓夫的支持，成了登月计划的负责人。

与此同时，1960 年 10 月 24 日，一枚装载着格鲁什科设计的自燃燃料的军用火箭已经准备好进行发射测试。在仓促临时修理期间，第二级火箭（当时还在地面上）起火，致使军方导弹项目指挥官和大约八九十名（可能更多）高级火箭工程师丧生。苏联对这场灾难秘而不宣，目的是保持住苏联在太空领域领先于美国的形象。而在 NASA 位于亚拉巴马州的马歇尔航天中心，沃纳·冯·布劳恩已经准备好测试多级火箭土星 1 号，它的推动力比科罗廖夫的 R–7 还要大。得知这一好消息后，美国总统约翰·菲茨杰尔德·肯尼迪不久就向国会联席会议发表了一项声明，承诺美国将在“十年”内（严格来说是 1970 年 12 月 31 日前）实现登月。

另参见 · 斯普特尼克号（1957 年）、探险者 1 号（1958 年）、莱斯大学体育场的登月演讲（1962 年）

图为“水星计划”招募的七名宇航员，该计划的目标是把人送入轨道，然后让他们安全返回。

SATURN-NOVA
COMPARISON
Spacecraft
18'-4"dia.
125'
21'-5"dia.
C-1
Spacecraft
18'-4"dia.
270'
33'dia.
C-5
Spacecraft
22'dia.
40'dia.
280'
50'dia.
NOVA
M-MS-G-36-62, Ap

1962 年

计划实施月球任务

1962 年前后，肯尼迪总统的日程安排非常紧迫，因此一些太空专家对总统的精神状态感到担忧，任务控制概念的发明者克里斯托弗·克拉夫特更是忧心。与此同时，1962 年 10 月的一次测试中，沃纳·冯·布劳恩的土星 1 号火箭的第一级发射推力超过了以往任何一枚助推器，为迈向土星 5 号做好了铺垫，但是冯·布劳恩在绘图板上设计了一枚更大的火箭——新星号。

在一项名为“直接升空”的战略任务中，新星号将向月球表面发送 40 ~ 50 吨重的飞船，并携带足够的燃料返航。当时除了担心飞船过高，宇航员着陆前很难感知地面高度之外，还有其他的不足。新星号火箭的每一级都必须分包给一个个工厂独自制造，这样要到 20 世纪 70 年代新星号才能组装好。相比之下，土星 5 号只有第一级（S-1C）需要一个新的工厂来制造，并且只需要几年的时间就能造好。

由于土星号不支持直接发射往返任务，早期的任务规划者提出了一个想法，NASA 先把一名宇航员送上月球，然后补给飞船供给宇航员所需物资，直到有更好的火箭把他带回家。另一个思路用地球轨道会合（EOR）代替新星号，两枚土星 5 号火箭运载探月飞船和一枚补充燃料飞船在近地轨道会合（LEO）。

冯·布劳恩倾向于地球轨道会合，他也因此冒着中断职业生涯的危险，越级直接给 NASA 副局长和航天工程师约翰·霍博尔特（John Houbolt, 1919—2014）写信，说明自己支持这种发射架构。在月球轨道会合（LOR）计划中，霍博尔特打算用一艘母飞船和一艘轻型月球飞船一起从近地轨道会合后进入月球轨道，入轨后只有轻型飞船降落，此项任务只需单枚土星 5 号就能发射。1962 年，NASA 局长詹姆斯·韦伯（James Webb, 1906—1992）宣布，月球轨道会合将作为登月任务的战略目标。要完成此战略任务，飞船的会合和对接能力至关重要。

· 土星 5 号登月火箭的起源（1930—1944 年）、土星号架构成形（1963—1964 年）

1962 年的新星号火箭的概念图（右），其组件与土星 C-1（左）和土星 C-5（中）的大小对比图。

SEAL OF THE PRESIDENT OF THE UNITED STATES

1962 年

—— 莱斯大学体育场的登月演讲 —— 067

1962 年 8 月，苏联东方号飞船的两舱可以同时入轨，这是太空探索的新的里程碑，并且表明人类可以忍受近 4 天的失重状态。随着阿特拉斯火箭的投入使用，NASA 已经有了两项载人轨道任务，此外还有一笔庞大的预算，来支持肯尼迪总统的载人月球任务。9 月，肯尼迪在莱斯大学就后来的登月项目发表了载入史册的演讲：

> 没有人能够完全知晓人类历史有多久远、发展有多快，但如果你愿意，可以把人类 5 万年的历史浓缩成短短半个世纪。就这个时间跨度来说，我们对最初的四十年知之甚少，只知道人类在这四十年的最后阶段学会了用兽皮蔽体……直到五年前，人类才学会了书写和使用带轮子的马车……上个月才有了电灯、电话、汽车和飞机。就在上周，我们才发明出了青霉素、电视与核能，而现在，如果美国的新型航天器能够成功飞抵金星，那我们将在今天午夜前做到真正意义上的"摘星"了……
>
> 我们要在太空这片新海域扬帆启航，因为那里有新的知识等待着我们去获取，有新的权利需要我们去争取。我们必须为全人类的进步去赢得和利用这些知识与权利。因为，空间科学、核科学和其他所有科技一样，本身并无善恶之分。它的力量之善恶取决于人类……
>
> 我们选择登月，我们选择在这个十年登月，还要实现其他目标，不是因为它们容易，而是因为它们困难，登月的目标有助于我们最大限度地组织和衡量我们的能力与技能，因为这个挑战是我们愿意接受的，因为这个挑战是我们不愿推迟的，因为这个挑战是我们必须战胜的。对于其他的挑战，我们也是一样的。
>
> ——节选自肯尼迪总统
>
> 1962 年 9 月 12 日在得克萨斯州休斯敦莱斯大学的演讲

· 斯普特尼克号（1957 年）、太空中的美国人（1961 年）、土星号架构成形（1963—1964 年）

肯尼迪总统在莱斯大学足球场向民众发表讲话，概述了登月的重要性，旨在鼓励美国人民支持"阿波罗计划"。

EXPERIMENTERS TEST CONTROL

1963 年

人肉计算机

1963年，苏联一名工人阶级女宇航员绕地球飞行，随后进入太空，后来登上了《生活》杂志。那时候，NASA 的宇航员都是白人、男性、军队试飞员，虽然也有几十名女性在这里工作，但从事的都是幕后工作，并且大多是非裔美国人。

NASA 的前身——国家航空咨询委员会（NACA）选拔了一批女性参与“水星计划”，她们会做微积分、立体解析几何和其他数学计算，因此 NACA 把她们当作“人肉计算机”。阿特拉斯火箭送水星号飞船入轨、制动火箭以正确的方向点火发射、精确计时来保证宇航员安全返航——都要靠她们的计算。如果返航时间太长，飞船返航进入大气层后会被烧毁。如果时间太短，飞船就会从上层大气反弹，再也回不来了。

尽管这些“人肉计算机”没有得到任何荣誉，也少有人知，但是宇航员知道他们的生命安全得靠这些女性的精确计算。虽然当时的 NASA 已经开始使用一种新的技术——电子计算机，来计算飞行参数，但电子计算机是由真空管和旋转磁带组成的庞然大物，两个房间才能容纳一台计算机。

水星–阿特拉斯 6 号任务最早使用了电子计算，这是人力计算过渡到电子计算的开始。此次任务中，宇航员约翰·格伦（John Glenn, 1921—2016）成为第一个进入地球轨道的美国宇航员。1962 年 2 月发射前，格伦查阅了发射计算，得知计算员是凯瑟琳·约翰逊（Katherine Johnson，1918—2020）后，曾要求“最好让凯瑟琳核实一下”。

到 1963 年底，水星计划结束了，美国人沉浸在肯尼迪总统不幸离世的悲痛中。但是登月计划还在进行中，凯瑟琳·约翰逊和她的同事们则从人力计算转向在新型计算机上编程，用于控制阿波罗飞船的奔月轨道。

· 两人结伴，三人拥挤（1964 年）、提高航天能力（1965 年）

1964 年，梅尔巴·罗伊·莫顿（Melba Roy Mouton, 1929—1990）站在电子计算机旁边。当时，莫顿领导着一群女数学家为 NASA 工作，她们被称为“火箭女孩”(Rocket Girls)。

S-IV

1963—1964 年

土星号架构成形

肯尼迪总统虽然没能亲眼见证土星 5 号的发射（这是艘用于阿波罗登月计划的飞船），但他看到了它的前身——土星 1 号的试飞。1961 年，肯尼迪在国会上确定登月目标后，曾视察了位于亚拉巴马州亨茨维尔的 NASA 马歇尔航天中心。在这期间，肯尼迪与沃纳·冯·布劳恩迅速建立了信任且融洽的关系。这位火箭设计师向总统保证，他会实现载人登月。

确定了实施月球会合战略，意味着冯·布劳恩可以把重点放在土星号火箭上，而把更大的新星号火箭放在次要位置。虽然土星 1 号火箭比苏联的 B–7 火箭更强大，但它的第一级基本上是由八枚红石–朱庇特火箭和油罐组成的。冯·布劳恩的团队直接从德国的 V–2 发展了朱庇特，这意味着土星 1 号火箭的第一级也是 V–2 的衍生物。在第一级以上的一级称为 S–IV，到 20 世纪 60 年代中期，它已经被大幅度修改，用一台大的发动机 J2 替换了原来的六台小发动机，S–IV 级升级成 S–IVE 级，这个改进后的土星 1 号火箭叫土星 1B 号。

土星 1B 号可以发射阿波罗指令 / 服务舱（CSM）或登月舱（LEM，在月球轨道和月球表面之间运送宇航员的飞船）进入近地轨道（LEO）。早期的近地轨道试飞用的指令 / 服务舱称为第一版的 CSM。登月则需要更先进的第二版 CSM 和三级土星 5 号火箭。土星 5 号的第一级 S–IC 有五台巨大的 F1 发动机集群，它们每秒钟能消耗 15 吨燃料和液氧。第二级 S–II 有五台 J2 发动机。第三级 S–IVB 和土星 1B 号的第二级类似，但是，土星 5 号中，单台 J2 发动机刚开始可以关小油门，进入外太空后，它会重新启动加大油门。

· 土星 5 号登月火箭的起源（1930—1944 年）、计划实施月球任务（1962 年）

1963 年 11 月 11 日，肯尼迪总统（左）在访问卡纳维拉尔角时，听取了沃纳·冯·布劳恩博士（右）关于土星 4 号发射系统概况的汇报，11 天后，肯尼迪总统遇刺。

1964 年

两人结伴，三人拥挤

NASA 为了把人类送上月球，大力资助沃纳·冯·布劳恩研发土星 5 号运载火箭。与此同时，苏联也在研发探测号新型探测火箭和联盟号新型载人飞船，期望把它们用于深空任务。有了总太空设计师谢尔盖·科罗廖夫，一切皆有可能。

然而，赫鲁晓夫并没有给科罗廖夫提供多少资金，并且科罗廖夫还要与其他太空专家竞争，确定运载火箭所需的发动机策略。更糟糕的是，赫鲁晓夫的要求极不明智，他要求的是看起来壮观的发射任务，例如上升 1 号飞船，就是用来回应 NASA 新的计划——双子星座号飞船的发射而发展起来的。双子星座号飞船的设计初衷是让宇航员练习航向修正、飞船会合和对接，它能改变轨道和高度,飞船上还配有一个机载计算机。双子星座号飞船预计在太空中飞行两周，进一步为载人登月服务，它的太空舱有两个座位。

赫鲁晓夫得知，在 1965 年初，NASA 开始准备发射一系列双子星座号载人飞船，每次运送两个宇航员上天，因此他想赶在 1964 年底发射新的上升号飞船。为了遥遥领先于 NASA，他还提出了一个额外的想法，他命令科罗廖夫在 1964 年 10 月 12 日发射的上升 1 号飞船上搭载三名宇航员。为了给第三名宇航员腾出空间，科罗廖夫的团队拆除了所有安全设备，包括弹射座椅和个人降落伞、发射逃生系统和宇航服（作为舱内压强减小时的备用器材）。在飞船回收时，因为取消了弹射座椅，所以科学家只能利用降落伞来为飞船减速，并在接近地面时利用主伞下端的两个小固体火箭进一步减小飞船的着陆速度。

· 人类进入太空（1961 年）、提高航天能力（1965 年）

1964 年 10 月 13 日，上升 1 号飞船上的三名船员完成任务安全返回。从左至右：弗拉迪米尔·科马洛夫（Vladimir Komarov, 1927—1967），鲍里斯·叶戈洛夫（Boris Yegorov, 1937—1994），康斯塔丁·费奥克斯托夫（Konstatin Feoktistov, 1926—2009）。

1964 年

月球科学的开端

1959 年 3 月 3 日，NASA 发射先驱者 4 号，这是第一个发射成功的月球探测器，它非常遥远地飞越了月球。飞船离月球的最近距离为 58 983 千米。在科学方面，这次发射任务在进入绕太阳轨道之前，在外范·艾伦带（俘获辐射粒子的区域）中进行了一系列重要观测。然而，苏联的月球 3 号探测器在先驱者 4 号离开地月系统 7 个月后拍摄到了月球的背面，苏联赢得了那一阶段的航天胜利。20 世纪 60 年代早期，美国和苏联都曾多次尝试发射探测器到月球附近或月球表面，但屡试屡败。

20 世纪 60 年代末到 70 年代中期，在大多数情况下，如果苏联的探测器月球号这个名字后面跟一个数字，这意味着它要么成功登月，要么做了一些有益于探月的事。如果是宇宙号后面跟着一个数字，则意味着探测器发射后被困在近地轨道了。如果苏联火箭在发射探测器时爆炸了，它就不会有名字，因此没人会知道这次任务。所以，在探月任务上，外界认为 NASA 比苏联太空计划经历了更多失败，特别是在 NASA 徘徊者号计划早期，该计划的任务是获得月球表面的近距离图像，为宇航员安全登陆月球做准备。1961 年到 1962 年，前五次徘徊者号发射要么未能成功登月，要么与控制系统失去联系。1964 年 1 月，徘徊者 6 号成功撞击月球，但在撞击过程中，它的摄像头被毁了。

1964 年 7 月 31 日，徘徊者 7 号成功撞击了月球，并发回了数千张图片。因此，60 年代后期，更多的徘徊者号任务和无人探测器准备发射进行月球研究。同时 NASA 也进一步考虑如何让宇航员在月球表面进行科学研究。

· 环形山新解（1948—1960 年）、新发现与新机构（1958—1959 年）、天体地质学（1964—1965 年）、月球勘探者探测器（1998 年）

徘徊者 7 号在撞击月球表面之前传回了四千三百多张图片。

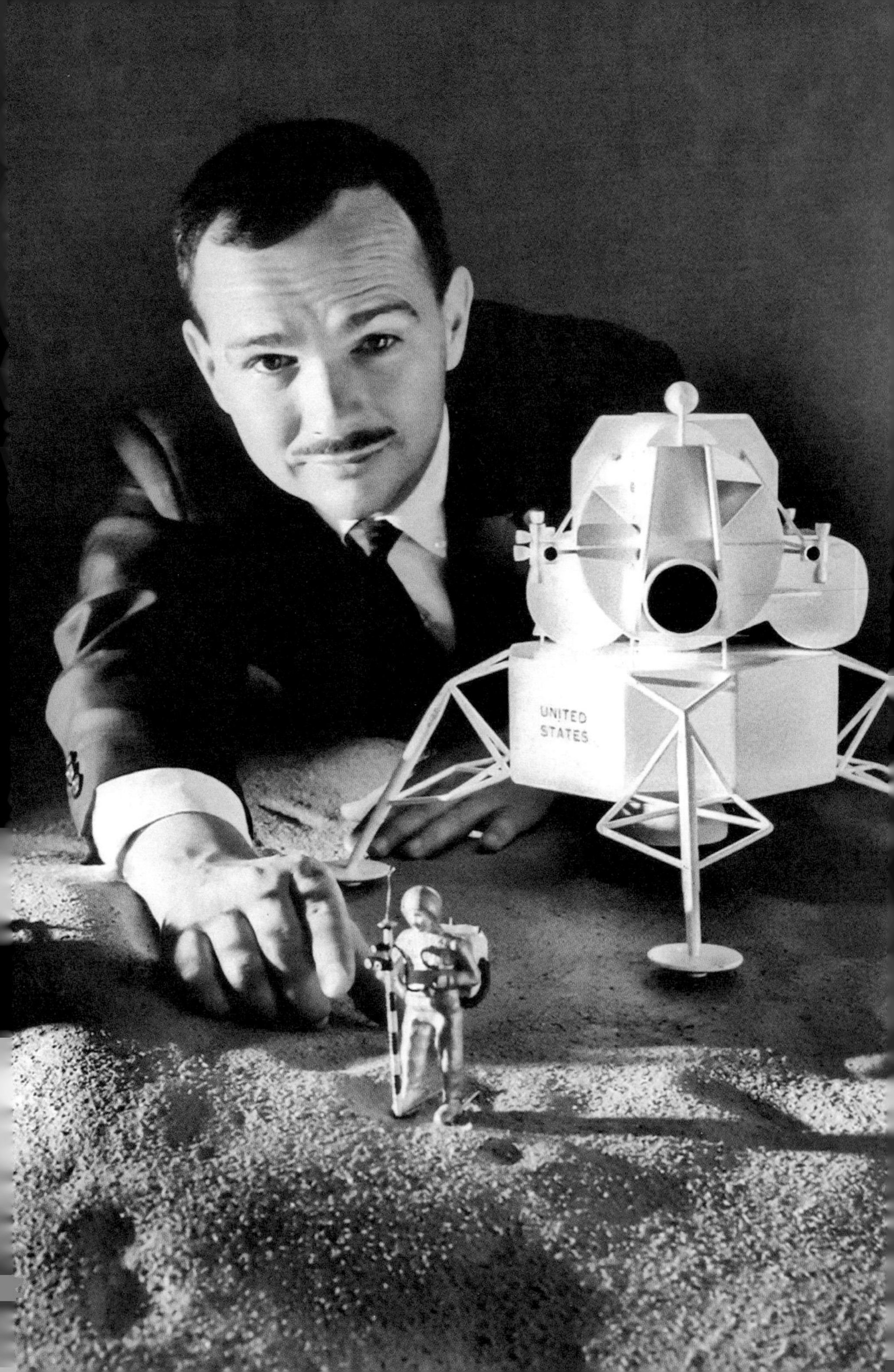
UNITED
STATES

1964—1965 年

天体地质学

尤金·舒梅克证明了亚利桑那州的巴林杰陨石坑和月球上的环形山都是由撞击事件形成之后，他推断地质学（或者月球上的地质学）将是人类在另一个天体上开展的第一门野外科学。因此他在美国地质调查局（USGS）申请了一个天体地质学项目。作为该项目的首席科学家，舒梅克让地质调查局与 NASA 合作，并建议地质学家到月球上进行实地考察。

1959 年，NASA 为"水星计划"招募的第一批 7 名宇航员都是来自军队的试飞员。这些宇航员除了有过硬的飞行技能外，还有工程学背景。工程学对航天飞行而言非常重要，因此苏联太空计划的总设计师谢尔盖·科罗廖夫也开始招募航天工程师，他们都不是军人出身，但最终却成了宇航员。

1962 年、1963 年 NASA 分别招募了第二批、第三批宇航员，和第一批一样，他们同样也是军队试飞员，后来的结果表明这种招募方式极为明智。在"阿波罗计划"和"双子星座计划"中，由于宇航员拥有试飞技术和工程技术，在致命的突发事件中可以幸免于难。然而，由于阿波罗号的宇航员将在月球表面着陆，科学家宇航员进入了 NASA 第四批招募计划中。

随着第二批、第三批的宇航员进入训练，舒梅克是第四批招募中的最佳候选人。然而，舒梅克被诊断出肾上腺机能不全，失去了参选宇航员的资格。不过，他依然是 NASA 徘徊者号无人探测器和勘测者号的新项目的首席地球科学家，勘测者号无人探测器的任务是软着陆到月球表面，为载人登月选择着陆点。

1964—1965 年，舒梅克还组织 NASA 的一些地质学家给宇航员进行野外地质训练。参与这个项目的地质学家包括大卫·S. 麦凯（David S. McKay, 1936—2013），三十年后，他在火星陨石中发现了可能存在的微小化石的证据。这引起了人们对宇宙生命的兴趣，因此麦凯帮助 NASA 建立了天体生物研究所，他在那里指导学生们研究天体生物学，本书的作者就是参与其中的学生之一。

· 环形山新解（1948—1960 年）、月球科学的开端（1964 年）、月球勘探者探测器（1998 年）

地质学家、天文学家尤金·舒梅克和他的登月模型合影，这个模型模拟了宇航员到达月球时可能看到的景象。

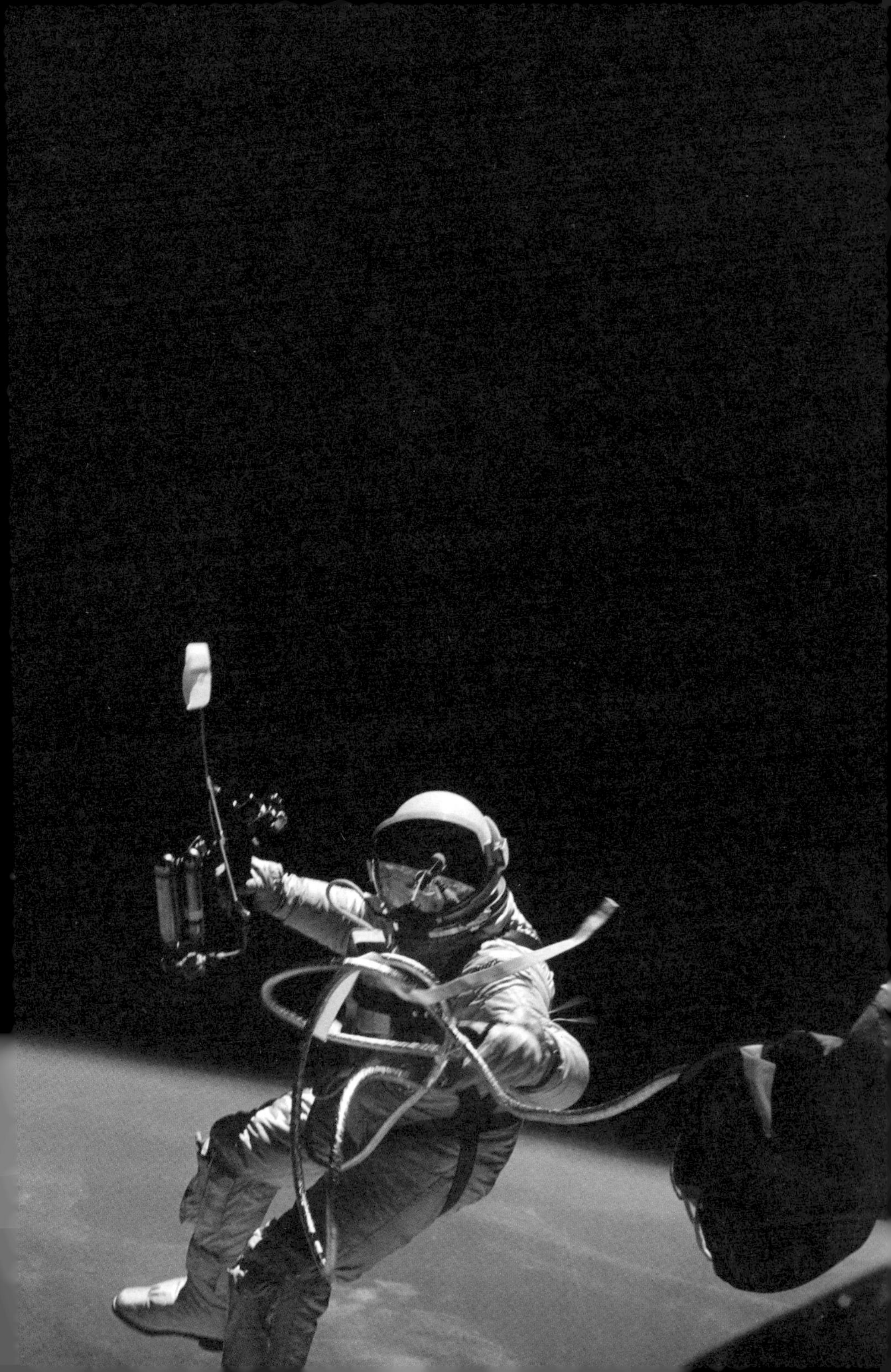

1965 年

提高航天能力

1963 年 5 月 16 日，NASA 执行“水星计划”的最后一次任务，宇航员戈登·库珀（Gordon Cooper, 1927—2004）在太空中待了 34 个小时后返回地球。此时美国正致力于载人登月项目，但直到过了 22 个月后，另一名美国宇航员才离开大气层。在此期间，苏联则传出了一系列人类太空飞行史上第一次的新闻。库珀从太空返回一个月后，瓦列京娜·捷列什科娃（Valentina Tereshkova）驾驶东方 6 号飞船进入轨道，成为人类历史上第一位进入太空的女性。此外，苏联有时还会同时发射两艘载人飞船进入太空。

1965 年 3 月 18 日的第二次上升号任务中，科罗廖夫成功地送两名宇航员进入太空，这是一次壮举，任何机构要把人送上月球，都要经历这一步。本次任务中，宇航员阿列克谢·列昂诺夫（Alexey Leonov, 1934—2019）第一次在太空“行走”了 12 分钟，NASA 称之为舱外活动。鲜为人知的是，当时列昂诺夫的宇航服膨胀得太大了，几乎进不了门，差点没能回到太空舱中。

列昂诺夫正在进行历史性的舱外活动时，NASA 在对双子星座 3 号飞船进行最后的检查，这是双子星座号的首次载人太空飞行。在将人类送上月球之前，NASA 需要掌握舱外活动的程序。1965 年 3 月 23 日，美国宇航员维吉尔·格斯·格里森（Virgil Gus Grissom, 1926—1967）和约翰·杨（John Young, 1930—2018）围绕地球飞行了近 5 个小时。在飞行过程中，格里森和杨改变轨道形状和高度，使用飞船的推进器系统，在返航过程中调整飞行方向，从而产生升力来改变着陆位置。两个半月后，宇航员爱德华·怀特（Edward White, 1930—1967）乘坐双子星座 4 号进入太空，进行了美国人的首次舱外活动。

· 人肉计算机（1963 年）、阿波罗 1 号火灾（1967 年）、笛卡尔高地（1972 年）

1965 年 6 月 3 日，爱德华·怀特在双子星座 4 号外停留了 22 分钟，进行了美国人的首次舱外活动。他右手拿着一个帮助他移动的装置。在他的面罩中可以看到飞船的影子，牵绳将他和飞船固定在一起，保障生命安全。

1965—1966 年

学习会合和对接

载人登月任务需要完成的操作有修正路线、交会和对接，此外，飞船在太空中至少要能飞一周。如何才能提供持续的动力也是一大挑战，电池持续时间有限，因此双子星座 5 号把氢、氧和水混合起来作为燃料产生电力，充当飞船电池。1965 年 8 月，双子星座 5 号用这种液体燃料在太空飞了 8 天，同年 12 月，双子星座 7 号在太空飞行了 14 天。这时，科学家们开始研究长时间的太空飞行状况下人的身体，尤其是人类的神经系统是如何适应失重状态的。宇航员在失重状态下很快就会感到恶心，而双子星座号任务的时间从几小时增加到几天，这意味着神经系统能慢慢适应新环境。

航天器之间的对接需要经过多次训练。原本的计划是让宇航员把双子星座号和阿金纳目标火箭对接。1966 年 3 月，宇航员尼尔·阿姆斯特朗（Neil Armstrong, 1930—2012）和大卫·斯科特（David Scott, 1932—　）在驾驶双子星座 8 号靠近阿金纳时，由于太空舱的高度控制系统（ACS）出了问题，导致他们在出了太空舱后，身体被高速旋转，整个过程中，他们超重 3.5 倍（他们此时的体重是正常体重的 3.5 倍），旋转还让他们失去了方向。如果不是阿姆斯特朗及时关掉了高度控制系统，并用再入控制系统（RCS）的推进器来控制旋转，他们就很可能在高速旋转中慢慢失去知觉直至最后死去。在后来的双子星座号任务中，宇航员们完成了两艘飞船的完美对接。经过这些训练，最终，阿姆斯特朗成为第一个在月球上行走的人，斯科特成为第一个开月球车的人，还第一次把锤子和羽毛扔在了月球表面。

阿姆斯特朗和斯科特返回地球后，虽然高度控制系统问题得到了解决，但宇航员吉姆·洛弗尔（Jim Lovell, 1928—　）和巴兹·奥尔德林（Buzz Aldrin, 1930—　）驾驶双子星座 12 号时发生了一次雷达故障，差点不能和阿金纳会合。这时，奥尔德林拿出一个六分仪进行计算，并指导洛弗尔驾驶飞船靠近阿金纳。奥尔德林拥有麻省理工学院的博士学位，他的博士论文是《载人轨道会合》，因此奥尔德林被称为“会合博士”，这一称谓还真是贴切。

· 开始用望远镜研究月球（1609 年）、中性浮力（1966 年）、人类一大步（1969 年）、延伸任务（1971 年）

1966 年，透过双子星座 8 号的窗口，能看到阿金纳火箭。

LTV

1966 年

中性浮力

075

作为“水星计划”和“阿波罗计划”之间的过渡，“双子星座计划”就像家中的老二，取得了一系列显著的成就，但一路也伴随有成长的烦恼，其中之一就是要学习舱外活动，为登月做准备。宇航员爱德华·怀特驾驶双子星座 4 号期间，离开太空舱 22 分钟，并在安全返回太空舱之前测试了手持操纵装置。然而，和阿列克谢·列昂诺夫一样，在双子星座 4 号外的怀特很快发现身穿膨胀的宇航服很难移动。如果提早得知列昂诺夫死里逃生的经历，NASA 就能提早准备，可惜苏联只对外公布了他们完成舱外活动这个好消息。

在双子星座 9 号飞船上完成舱外活动后，宇航员吉恩·塞尔南（Gene Cernan, 1934—2017）将他的宇航服描述为“锈迹斑斑的灵活盔甲”，因为他无法测试宇航员的机动装置（AMU），这是个帮助宇航员在太空中移动的背包式设备。塞尔南和后面双子星座 10 号、双子星座 11 号的宇航员都发现，在舱外活动时，移动僵硬的宇航服会消耗大量的能量，因此，工作两个多小时后，他们很容易疲劳。此外，僵硬的宇航服手套增加了操作简单工具的难度，为了保持设备固定，需要操作一些按钮，但失重状态下，这些简单操作也极具挑战性。

1966 年 11 月，在准备发射双子座 12 号飞船时，宇航员巴兹·奥尔德林提前进行舱外活动训练，他运用了一项新技术，即在水下借助中性浮力进行训练。奥尔德林身穿舱外活动宇航服浸入深水池中，适当加减重量来抵消浮力，达到悬浮状态。在潜水员的协助下，奥尔德林模拟自己处于真正的失重状态。在计划的双子座 12 号任务中，奥尔德林要出舱 330 分钟，进行三次舱外活动。在中性浮力中，他能够准确学习如何完成舱外活动所需动作。在任务结束后，奥尔德林已经证明宇航员可以在舱外活动环境下做些有用的工作，这对载人登月而言至关重要。

· 学习会合和对接（1965—1966 年）、人类一大步（1969 年）

1966 年，科学家为双子星座计划开发的宇航服，也被称为宇航员机动装置，包括背包式的生命维持系统。但这套宇航服最终没被使用。

1966 年

悲剧

1966 年，NASA 在对接、舱外活动和轨道机动方面取得了一系列进展，并且在苏联的月球 9 号实现月球软着陆四个月后，6 月 2 日，勘测者 1 号也实现了软着陆。同年晚些时候，NASA 的月球轨道器 1 号成为第一个进入月球轨道的美国探测器，更重要的是，它为后面的勘测者号探测器和阿波罗号的宇航员找到了安全的着陆地点。1966 年虽然取得了许多航天佳绩，但它也是太空竞赛中悲剧频发的一年。

1966 年，总设计师谢尔盖·科罗廖夫给新的联盟号宇宙飞船分配好宇航员之后，被紧急送往医院。手术几天后，他就去世了。二十多年来，科罗廖夫领导发射了第一颗卫星、送第一个人类进入太空、第一次出舱活动以及最近领导设计研发了 N1 登月火箭。N1 火箭的设计目标是将人类送上金星或火星。科罗廖夫去世后，“N1 火箭的未来”这副重担就落在了他的副手瓦西里·米申（Vasily Mishin, 1917—2001）身上。综合考虑下，米申认为人类第一个目的地是月球。纵然科罗廖夫是天赋奇才，但在苏联之外，无人知道他的存在。后来，勃列日涅夫决定向世界宣布科罗廖夫的身份，并在红场进行国葬来纪念这位总设计师。

在得知苏联太空计划可能陷入了困境后，美国人想知道他们是否可能在太空竞赛中取得领先。至少当时美国人正迎头赶上，但这期间也有悲剧发生。与“水星计划”一样，所有的双子星座号任务的宇航员都安全返回了地球。但是，双子星座号中的两名宇航员，埃里奥特·希（Elliott See , 1927—1966）和查尔斯·巴塞特（Charles Bassett, 1931—1966），驾驶 T-38 喷气式教练机时撞上了麦克唐奈航空公司的一幢大楼，不幸遇难。他们不是第一批死在教练机上的宇航员，也不是最后一批。宇航员在太空竞赛中发生的致命事故也不能都归咎于飞机！

· 凡尔纳启发了航天之父（19 世纪 70 年代）、斯普特尼克号（1957 年）、第一张月球背面的照片（1959 年）、人类进入太空（1961 年）

谢尔盖·科罗廖夫，摄于 1946 年。

NASA
NASA
NASA

1967 年

阿波罗 1 号火灾

1961 年 7 月，载有宇航员维吉尔·格斯·格里森的水星号飞船太空舱降落到海面后，由于舱门过早打开，格里森差点儿被淹死。同年，苏联宇航员万伦丁·邦达连科（Valentin Bondarenko, 1937—1961）在隔离室做实验时，突然起火，由于隔离室中氧气含量高于氮气，并且着火之后外面的技术人员一时无法打开舱门，最后万伦丁被烧死，苏联政府对这场悲剧同样秘而不宣。随后，“阿波罗计划”的承包商北美航空航天公司为新飞船设计了向内打开的舱门。

阿波罗舱内的生命保障系统内充着每平方英寸 5 磅的纯氧。地球表面大气是由氧气、氮气和其他气体混合组成的，因此舱内纯氧的气压要比地球表面氧气的气压高。北美航空航天公司曾计划在阿波罗号飞船中充氧气和氮气的混合气体，但太空专家担心这会导致飞行期间发生火灾。然而，他们没考虑到发射台机舱也可能起火，这里比飞行期间起火的可能性要大得多，因为在发射之前，机舱需要内部气压高达 110.3 千帕。在这样高压环境下，任何东西都可能燃烧。1967 年 1 月 27 日就发生了这样的灾难。

这一天，格里森和他的队友爱德华·怀特二世（Edward White II）和罗杰·查菲（Roger Chaffee, 1935—1967）在进行 AS-204 任务的发射演练，该任务也被称为阿波罗 1 号。这是一次“断电测试”，即飞船和发射火箭土星 1B 单凭内部供电运行一个完整的发射过程。几周后，阿波罗 1 号将进行近地轨道的试飞。几周前宇航员们已经为此轻松地完成了演练。然而，这一次，控制板后面的电线起了火花，几秒钟大火就把船舱包围了。舱内的高压让舱门紧紧扣在舱壁上，舱门不能向内开启，三名宇航员因此失去了生命。

另参见 · 提高航天能力（1965 年）、中性浮力（1966 年）、重组阿波罗飞船（1967 年）

1966 年，阿波罗 1 号宇航员训练时的照片，此时距致命的断电测试还有 10 个月。从左至右：维吉尔·格斯·格里森、爱德华·怀特二世和罗杰·查菲。

1967 年

重组阿波罗飞船

阿波罗 1 号事故的调查人员有工程师、消防专家和国会委员会，调查团队由 NASA 宇航员弗兰克·博尔曼（Frank Borman，1928— ）领导。调查人员指出这次事故起因是线路故障起火，引燃了机舱；而大火之所以迅速蔓延，是因为氧气气压高达 110.3 千帕，并且宇航员不能向内开启舱门逃生。最终调查报告这样写道：为击败苏联载人登月计划，在匆忙发射第一阶段阿波罗号飞船时，在地面上发生了一场预料之外的灾难。

NASA 暂停了“阿波罗计划”，而苏联向月球轨道又发射了三个探测器，并且月球 13 号飞船在月球表面实现了软着陆，苏联似乎再次赢得了这场太空竞赛。此时的美国，最让人看好的太空计划不是真实的太空计划，而是电视剧《星际迷航》（*Star Trek*）。它虚构了23 世纪企业号飞船上的一些宇航员，其中包括一名非洲女性、一些亚洲人（他们说着不同的语言）和一个外星种族。这部剧集包含各种天马行空的想象，大量的硬科幻元素以及无微不至的人文主义关怀，因此马丁·路德·金博士公开说，这是他允许孩子们观看的为数不多的电视节目之一。

1968 年 4 月，马丁·路德·金被暗杀后，首位进入太空的宇航员尤里·加加林在一起教练机事故中遇难。两个月后，约翰·肯尼迪总统的弟弟罗伯特·肯尼迪（Robert Kennedy, 1925—1968）也遇刺身亡。在这期间，工程师重新设计了未完工的第二阶段的阿波罗飞船，给飞船增加了一个新的舱门，还增加了电力保护系统和防火材料。在太空飞行中，舱内大气是 34.5 千帕 100% 的纯氧气。但是在起飞之前的地面阶段，舱内为氧气和氮气混合的气体。

· 阿波罗 1 号火灾（1967 年）、乌龟登月（1968 年）、到达月球（1968 年）

这张照片中是 1967 年阿波罗 1 号火灾后的外舱，这场火灾导致三名宇航员丧生。

1967 年

在月球上宣告和平

美国和苏联的太空计划都急于将人类送出近地轨道，而且在这过程中都曾遭遇重大失败。阿波罗 1 号火灾后的三个月内，苏联新的联盟号飞船也发生了悲剧。测试联盟号在近地轨道的飞行前，宇航员弗拉迪米尔·科马洛夫就察觉到飞船还不能做载人飞行，但苏联还是如期发射了飞船。在太空飞行中，科马洛夫排除了一个又一个问题，最后，他成功地重返大气层，在各种不利条件下手动操纵飞船。但飞船下降时，科马洛夫因不能打开降落伞而机毁人亡。

八年之后，苏联和美国才合作了阿波罗–联盟号测试计划，第一次进行国际空间对接。几十年后，两国宇航员才共享了一个空间站。1967 年在国际空间领域确实有了一个积极的进展。1967 年 1 月 27 日，就在阿波罗 1 号悲剧发生的同一天，联合国发起了《关于各国探索和利用包括月球和其他天体在内的外层空间活动的原则条约》，现称《外层空间条约》，由美国、英国和苏联签署。自那时起，104 个缔约国严格遵循条约，和平探索宇宙，平等利用太空。

《外层空间条约》条约规定，所有国家都可以自由进入太空，但对宇宙的开发和利用只能出于和平的目的。而“所有的探索行为都应该符合所有国家利益”的原则也使得国际范围内的太空合作如火如荼地发展了起来。该条约明令禁止各国将核武器太空化，避免了太空中出现大规模杀伤性武器。《外层空间条约》还有一项很重要的规定，就是避免造成星际空间的“太空污染”。

《外层空间条约》尽管是国家之间的协定，但是其余条款仍包括了私营公司的太空活动。所以该条约中还有这么一项规定：各国必须对其在太空的行动包括非政府的行动负责。

· 两人结伴，三人拥挤（1964 年）、悲剧（1966 年）、阿波罗 1 号火灾（1967 年）

1967 年，英国外交部部长乔治·布朗（George Brown）、苏联驻英国大使米哈伊尔·斯米诺夫斯基（Mikhail Smirnovsky）和美国代表菲利普·海塞尔（Philip Haiser）在伦敦签署《外层空间条约》。

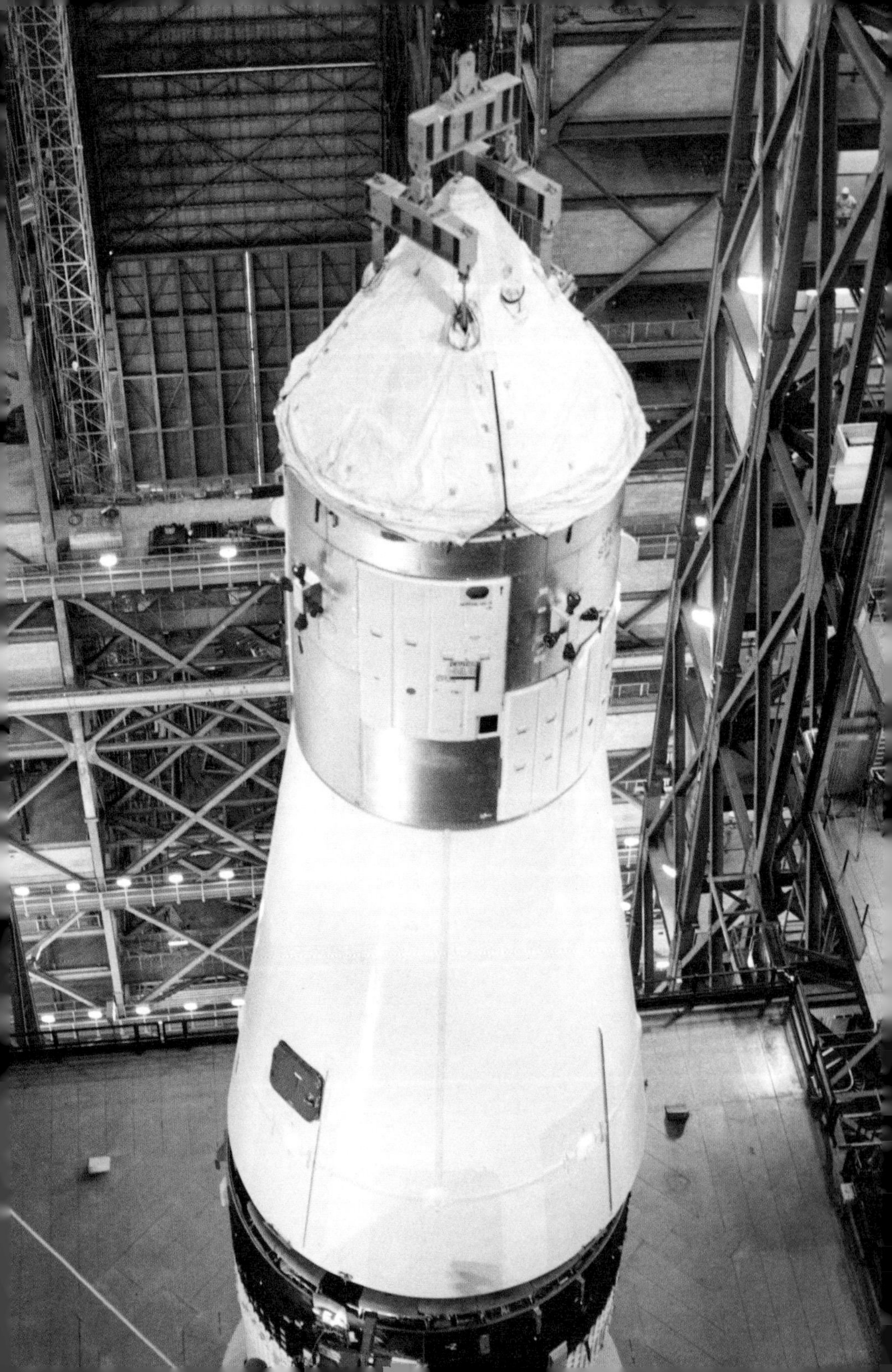

1968 年

乌龟登月

2008 年，宇航员弗兰克·博尔曼在史密森学会的演讲上回忆了他所领导的阿波罗 1 号的火灾调查，他认为，这是 NASA 历史上的一个关键时间节点。这一悲剧不仅改善了设计，使飞船更加安全，而且调查也揭露了登月计划本身存在的大量问题，引发了航天飞行管理和设备研发与测试方面的巨大系统性变革。博尔曼认为，许多新的管理政策的制定和执行都是“阿波罗计划”办公室主任乔治·洛（George Low, 1926—1984）的功劳。

虽然乔治·洛的管理方法贯穿了整个人类登月计划，但在太空硬件测试的策略上，他与其他人之间还是存在分歧。沃纳·冯·布劳恩想将每一级土星 5 号都进行单独试飞，但据中情局分析，苏联已经准备将宇航员送上绕月轨道。为了节省时间，NASA 另一位高管乔治·米勒（George Mueller, 1918—2015）坚持“全面”测试组装完整的土星 5 号。1967 年 11 月，土星 5 号火箭第一次进行阿波罗 4 号发射任务时，全面测试成功了。十周后，土星 1B 载着无腿登月舱进入近地轨道，登月舱的发动机和着陆中止系统通过了飞行测试。但是，1968 年 4 月，土星 5 号火箭第二次载着阿波罗 6 号无人飞船上天时，遇到了严重的“高跷”振荡（沿火箭的长轴振荡，就如同弹簧高跷），如果飞船内有宇航员，那么他们会因此死于非命。另外，第二级火箭的两个发动机也离奇停止运行。飞船经过一系列调整后，最终还是进入了轨道。

1968 年 9 月，苏联发射了探测器 5 号，确实载着“宇航员”执行环绕月球和返回地球的任务，但这些特殊的“宇航员”不是人类，而是乌龟、粉虫和其他生物。返回过程中，探测器 5 号再次进入地球大气层时，它们处于 20 倍重力的环境中，因此没能幸存下来。两个月后，探测器 6 号上的动物也死于再入大气层时的舱内失压。所以此时苏联还没有准备好把人类送上月球，但美国并不知道这一点。

· 重组阿波罗飞船（1967 年）、到达月球（1968 年）

吊车把阿波罗 4 号飞船放在土星 5 号火箭的上面，准备于 1967 年 6 月进行第一次发射，“全面”测试土星 5 号。这次试飞中，没有对每一级火箭分别进行测试。

USA
UNITED STATES
NASA

1968 年

到达月球

土星 5 号火箭第二次发射的阿波罗 6 号飞船，可以说是取得了一部分成功，虽然也经历了高跷振荡和发动机停止运行，但花时间修理发动机后，火箭又恢复了运行。因此，虽然沃纳·冯·布劳恩的团队仍有许多工作要完善，但 NASA 相信，他们的运载火箭已经基本准备就绪。此外，除太空计划外还有诸多事端发生，1968 年对美国来说仍然是艰难的一年。上星 5 号火箭的第一级 F1 发动机的功率非常强大，因此 4 月 4 日发射阿波罗 6 号时，整个北美的地震传感器都记录到了震感。然而，这次发射只在《佛罗里达晚间新闻》里一带而过，因为当时有两则更吸引眼球的新闻，一是林登·约翰逊（Lyndon Johnson, 1908—1973）总统宣布他不会连任；二是在飞船发射几个小时后，马丁·路德·金在田纳西州被刺杀。这些事件引得媒体争相报道，飞船发射的消息也就被淹没了。

到 1968 年春天，第二阶段飞船新的指令舱测试后功能良好，因此阿波罗 7 号被计划于 10 月份执行“C 任务”：3 名宇航员在服务舱中执行近地轨道飞行，为随后宇航员在指令 / 服务舱和登月舱中执行近地轨道飞行的“D 任务”做准备。第三批宇航员则将执行“E 任务”：驾驶指令 / 服务舱和登月舱执行中地球椭圆轨道飞行，中地球轨道高达 6500 千米。但是，美国人怀疑苏联即将进行绕月飞行，而登月舱准备工作又有延误，因此美国人有一个更大胆的计划。如果阿波罗 7 号飞行成功，那么准备这次“E 任务”的宇航员便依次向前推进，计划的阿波罗 9 号提前为阿波罗 8 号。参与此计划的宇航员包括弗兰克·博尔曼、吉姆·洛弗尔和威廉·安德斯（William Anders, 1933—　），弗兰克·博尔曼任指令长，他们将飞到环月轨道。与此同时，苏联的探测器 5 号和探测器 6 号飞船也开始了绕月之旅。此时，博尔曼、洛弗尔和安德斯在为登月任务做准备，也就是 NASA 飞行操作中心主任克里斯托弗·克拉夫特后来所描述的“阿波罗计划”中最伟大的任务。

另参见 · 乌龟登月（1968 年）、地出（1968 年）、彩排（1969 年）

“阿波罗 7 号”的宇航员，从左至右依次为：指令长瓦尔特·马蒂·施艾拉（Walter M. Schirra Jr., 1923—2007）、登月舱驾驶员瓦尔特·康尼翰（Walter Cunningham, 1932—　）和指令舱驾驶员唐·F. 埃斯利（Donn F. Eisele, 1930—1987）。

地出

1968 年 12 月 24 日，宇航员威廉·安德斯驾驶阿波罗 8 号飞船从月球背面绕转过来时，拍下了地球从月球上空升起的照片，这后来成为历史上最著名的照片之一。

在全世界经历了一年的动荡之后，人类开始从一个新的视角来看地球。地球，离月球的平均距离为 384 475 千米，地球上的人类一直尊月亮为神。这颗孕育着文明的行星，在照片里其实只是被黑暗所包围的一帧画面。从月球这个角度看，地球是一个旋转的蓝白色弹珠，天文学家卡尔·萨根后来称它为暗淡蓝点。然而就在这么个小点上，所有人类都在那里，当然除了执行此次任务的指令长弗兰克·博尔曼、指令舱驾驶员吉姆·洛弗尔和“登月舱驾驶员”安德斯（尽管这次任务中没有登月舱）之外。

飞船绕月飞行了十周。宇航员在月球表面上空 110 千米的高度停留了 20 多个小时，为将来的任务确定着陆点、研究地质特征，并记录由于月壳崎岖的地形和不均匀的密度而引起的重力变化。在绘制重力变化图的过程中，宇航员测得了某些陨石坑的质量，在这之前是未知的，这时宇航员之前接受的地质学训练终于起到了作用。在这过程中，也有一些轻松的时刻：洛弗尔了解到宁静海附近有一个特殊的三角形结构没有命名，于是他就以他妻子的名字将此地命名为玛丽莲山。

阿波罗 8 号在进行第十次环月飞行时，启动主发动机，于 12 月 27 日返回地球。在返程途中，洛弗尔练习了一次人工修正航向的程序，16 个月后，这帮助他在阿波罗 13 号上挽救了自己的生命。1968 年是多灾多难的一年，《时代》杂志将博尔曼、洛弗尔和安德斯选为当年的年度风云人物。

· 重组阿波罗飞船（1967 年）、乌龟登月（1968 年）、到达月球（1968 年）

在这张在阿波罗 8 号上拍摄的照片中，地球从月球上空升起。宇航员弗兰克·博尔曼、吉姆·洛弗尔和威廉·安德斯也是第一批从这个角度看地球的人。

1969 年

彩排

阿波罗 8 号返回地球了，宇航员还没有在太空中驾驶过登月舱，也没有测试过登月舱和指令 / 服务舱之间的会合与对接。他们也没有测试背包状的便携式生命保障系统（PLSS），该系统是为了在没有安全绳负担的情况下在月球上实现舱外活动而研发的。登月舱由纽约长岛的格鲁门飞机工程公司研发，已经通过了阿波罗 5 号无人飞船的测试，但还是不能满足当时的计划，这就是为什么阿波罗 8 号的任务只把指令 / 服务舱送入月球轨道进行绕月飞行。目前的登月舱仍然太重，无法在月球表面着陆，但阿波罗 9 号设定的“D 任务”中，登月舱的所有其他功能都可以在近地轨道进行测试。1969 年 3 月，阿波罗 9 号绕地飞行了 10 天，它载着詹姆斯 · 麦克迪维特（James McDivitt, 1929—　）、大卫 · 斯科特和拉塞尔 · 施韦卡特（Russell Schweickart, 1935—　）完成了一项任务，两个舱之间的会合对接演练，这对登月任务至关重要，而且施韦卡特还用便携式生命保障系统进行了一次舱外活动。由于有太空适应综合征（由失重引起的恶心和呕吐），施韦卡特没有进行更多的舱外活动，但这已为阿波罗 10 号任务做好了充分的准备。

1969 年 5 月 18 日，在土星 5 号火箭 S–IVB 级完成第一次发动机点火后，S–IVB 级和阿波罗 10 号飞船到达近地轨道，宇航员托马斯 · 斯塔福德（Thomas Stafford, 1930—　）、约翰 · 杨和吉恩 · 塞尔南在收到“准备月球转移轨道射入（TLI）”的命令之前检查了所有的系统。得到命令后，就意味要从地球轨道转移到月球轨道，需要重新点燃火箭 S–IVB 级的发动机，最终会把它们送入月球轨道。指令 / 服务舱被称作查理 · 布朗（Charlie Brown），登月舱被称作史努比（Snoopy），它们头对头连接在一起，朝着月球的方向快速飞行，指令 / 服务舱的主发动机点火后，减速进入月球轨道。和上次的登月舱一样，史努比还是太重，无法实现登月，因此格鲁门公司还要做更多的工作来减轻登月舱的重量。5 月 22 日，斯塔福德和塞尔南驾驶史努比，俯冲到离静海 15.6 千米的上空，为当年 7 月将发射的登月舱中宇航员着陆的区域做评估。

· 到达月球（1968 年）、地出（1968 年）

在登月舱史努比上给指令 / 服务舱查理 · 布朗拍的照片。在执行任务期间，指令长托马斯 · 斯塔福德和登月舱驾驶员吉恩 · 塞尔南让史努比俯冲到静海上空 15.6 千米的地方，考察 NASA 下一次任务的着陆点。

1969 年

人类一大步

1969 年 7 月 16 日，阿波罗 11 号飞船在肯尼迪航天中心发射升空，上面载着尼尔·阿姆斯特朗、巴兹·奥尔德林和迈克尔·柯林斯（Michael Collins, 1930—2021），三天后进入月球轨道。与此同时，苏联研发的用来将苏联宇航员送到月球的 N1 运载火箭不仅资金短缺，屡次测试都不成功，连续四次发射都失败了。于是苏联在 1976 年正式取消了这项工程。美国没想到的是，他们竟然能在这场太空竞赛中轻松领先。

1969 年 7 月 20 日，阿姆斯特朗和奥尔德林将鹰号登月舱从哥伦比亚号指令舱上分离，并降落在静海中，而苏联电视台并没有转播这个事件。在接近月球表面时，阿姆斯特朗和奥尔德林发现计算机失灵，飞过了预定的着陆点，飞船把他们带到充满巨石的地方。阿姆斯特朗拿起手动控制器，在奥尔德林读出距离和高度的同时，寻找新的着陆点。这时，所剩的燃料仅够使用几秒钟，惊险时刻，在奥尔德林的帮助下，阿姆斯特朗还是将登月舱成功着陆在月球了。

阿波罗 11 号是“阿波罗计划”的最后一次飞行，主要任务是登陆月球，然后返回月球轨道，随哥伦比亚号返回地球。人们对这次任务最深的记忆是阿姆斯特朗登上月球时所说的一句话——“这是个人的一小步，却是人类的一大步”；以及阿姆斯特朗给站在月球上的奥尔德林拍的标志性照片。实际上，在月球表面两个半小时的舱外活动中，两位宇航员都在做科学研究。他们先是迅速搜集了可以带到地球上的一些岩石和月尘应急样本，以防他们需要紧急离开，之后，他们再更加有目的性地搜集样本，包括一些在岩芯管里的样本，并仔细选择。阿姆斯特朗在看到样本盒里的岩石之间有很大的空隙后，就往里面加了些尘土来填补空隙。他们还在月球表面安放了“早期阿波罗科学实验站”的仪器，其中包括一个激光测距反射器，无论其他地方的光源从哪个角度射向发射器，它都能精确地反射回去。

· 学习会合和对接（1965—1966 年）、重返月球（1971 年）

宇航员巴兹·奥尔德林在月球表面行走，身后留下脚印，由尼尔·阿姆斯特朗拍摄。

1969 年

月球科考的开端

1969 年 11 月 19 日，阿波罗 12 号的宇航员查尔斯·皮特·康拉德（Charles Pete Conrad, 1930—1999）和艾伦·比恩（Alan Bean, 1932—2018）携带改进的着陆雷达进入无畏号登月舱，以确保准确到达登月点。他们的目的地是 1967 年 NASA 的勘测者 3 号探测器的软着陆点——风暴洋，它距离鹰号登月舱着陆点大约 2000 千米。

宇航员安放了阿波罗月面实验装置（ALSEP）。它是鹰号着陆点实验装置的扩大版，包含许多复杂的仪器，例如测量月震（月球表面震动）的月震仪、磁力计，以及测量带电粒子、重力流、太阳风和月球表面热流的仪器等，这些仪器都是由核能发电机供电。

在安放阿波罗月面实验装置的同时，康拉德和比恩还负责搜集月表的地质样本，即那些覆盖在月球基岩上的无机尘土和岩石混合物。和阿波罗 11 号的登月宇航员一样，他们也要探测月海——月球表面黑暗低地，研究人员认为月海里的岩石是基岩的一部分，还有一些岩石是在撞击事件中从很深的月壳中喷射出来的。曾经有一种观点认为，月海表面是由月壳裂缝中流出的玄武岩熔岩覆盖了盆地和环形山所形成的。通过分析阿波罗 12 号和其他飞船到低地搜集的玄武岩样本，这一假设得到了证实。

降落在离勘测者 3 号几步之遥的登陆点后，按计划，康拉德和比恩把这个探测器上的电视摄像机等部分设备带回地球。后来，生物学家在摄像机里发现了链球菌，它最有可能来自登月任务完成后的某人，但也不能排除它本来就是月球上的生命形式。因此，前三批登月的宇航员从飞船上出来要戴口罩，在进入检疫设施前，要转移到隔离室隔离 21 天。阿波罗 11 号的宇航员从飞船上出来，他们的宇航服也有了生物污染，但这些宇航服自阿波罗 12 号开始便不再被使用。

· 月球火山活动高峰期（38 亿—35 亿年前）、制造月震（1969 年）、月球物质回收实验室（1969 年）、解开月球历史之谜（20 世纪七八十年代）

皮特·康拉德看了看勘测者 3 号上的电视摄像机。远处是载着康拉德和艾伦·比恩到月球的登月舱。

1969 年

制造月震

当我们用一个物体撞击月球时，它就会产生震动，震动波可以直接传播到安放在月球表面的月震仪上。月震仪可以记录月震发生的时间、位置、强度和震源深度。通过研究月震波，科学家可以了解月球内部结构。而且，在月表增加月震观测站的数量可以得到更多的月球内部细节。

1969 年 11 月，阿波罗 12 号的宇航员安放好了第一个完整的阿波罗月面实验装置，此时，阿波罗 11 号的宇航员安放的实验站早已停止运行。但是这次安放的月震仪等仪器设备，是能长期运行的。为了制造月震，实验站里有一个迫击炮和一个地面重击器，为之后的任务进行月震测试做准备。另外还有一种方法来晃动月球，与其他登月舱一样，阿波罗 12 号的无畏号登月舱包括两部分：一个是让宇航员软着陆的降落部分，另一个是将宇航员送回月球轨道的上升部分。一旦两名月球表面行走的宇航员回到第三个宇航员驾驶的指令舱中，无畏号就被抛向月球表面而坠毁。阿波罗月面实验装置中的月震仪会记录到无畏号的撞击，因此登月设计师打算在未来的任务中，登月舱上升后撞击月球，并且再加一个可以产生更大撞击力的助推器，也就是土星 5 号火箭的 S–IVB 级。

第三次阿波罗登陆任务于 1970 年 4 月发射，但在这之前还有很多工作要做，前两次登陆月球的宇航员带回来的地质样本要做分析研究。生物学家要研究月球的地质样本内是否含有致病微生物。其他科学家则研究月尘粒子的物理特性，这些粒子非常小，有的还很锋利，带电荷，因此它们会腐蚀宇航服，甚至会令宇航服上的接头不能正常工作，还会使一些宇航服漏气，一些月尘还可能被宇航员吸入肺部。

· 月球火山活动高峰期（38 亿—35 亿年前）、月球物质回收实验室（1969 年）、重返月球（1971 年）、解开月球历史之谜（20 世纪七八十年代）

NASA 一名摄影技术人员在处理阿波罗 11 号宇航员使用的胶卷时，手接触到了月尘。

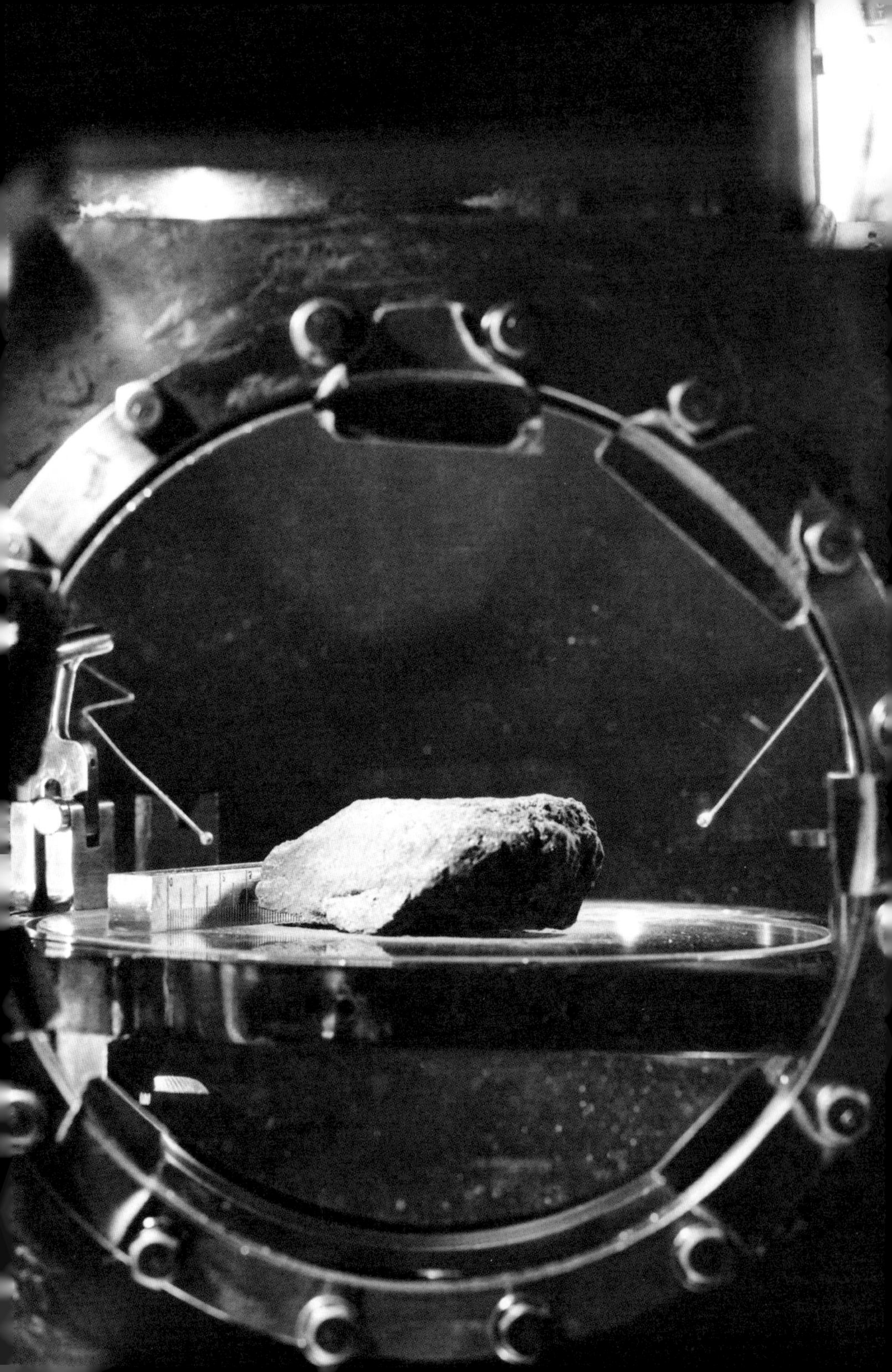

1969 年

月球物质回收实验室

阿波罗 11 号的宇航员采集了 22 公斤的月球样本，而阿波罗 12 号返回地球时带回了 34 公斤的样本。这些月球样本被送往 NASA 约翰逊航天中心 37 号楼的月球物质回收实验室，宇航员也是在这栋大楼里进行隔离检疫的。

阿波罗 11 号是将月球样本带回地球的首个太空任务，在阿波罗 11 号宇航员返回地球之前，科学家们无法确定样本中是否含有病原体等月球生物。后来，利用阿波罗 11 号和阿波罗 12 号两次登月任务带回的月球样本，科学家们开始研究是否存在月球生物。

科学家在月球样本中没有发现病原体，加上月球上缺乏水分，因此科学家得出结论，月球上没有原生生命形式。所以从阿波罗 15 号开始，重返月球的宇航员就不再需要隔离检疫。

经过一系列分析研究后，科学家确定了月球物质的基本组成成分。粉末状的表层由玻璃晶体和尖角石碎片组成。月球火山岩是玄武岩，其中含有大量斜长石矿物，同时还含有斜辉石和钛铁矿。月球上也有角砾岩，它们是撞击挤压了火山岩碎片和较细的表层尘土后形成的。阿波罗 12 号带回的角砾岩和月尘样本中，科学家发现了一种混合物，这种混合物的缩写为 KREEP（钾、稀土元素和磷）。科学家在阿波罗 14 号和 15 号带回的样本中同样也发现了这种混合物，它们的存在是月球形成早期经历了熔融态阶段的有力证据，因为在这一阶段较轻的元素会上浮。与此同时，前两次着陆任务中带回地球的样本足以证明月球和所有内行星形成早期的主要力量是撞击和火山作用。说不定月球真的可能是在 45 亿年前因为另一颗行星和地球碰撞后形成的。可见，研究阿波罗计划带回的月球样本将会带来一场地球科学革命。

· 月球科考的开端（1969 年）、准备新任务（2018 年）

尼尔·阿姆斯特朗和巴兹·奥尔德林在月球上进行舱外活动时采集的月球岩石样本。据分析，这种岩石富含镁，类似于地球上的某些岩石。

1970 年

任务失败，成功返回

088

到 1970 年，尽管 NASA 为计划中的阿波罗 13 号设计了一段精彩的旅程，但美国公众已经把探月视为例行公事了。阿波罗 13 号的着陆点是弗拉・毛罗环高地，数十亿年前一次巨大的撞击形成了雨海盆地，在撞击过程中喷射出来月球基岩形成了这个高地。与此同时，越南战争、征兵抗议以及披头士乐队 4 月 10 日宣布解散充斥了众多新闻媒体和许多人的日常生活，月球科学不再是媒体头条新闻了。

更为糟糕的是，从 NASA 新闻发布会上记者的提问可以看出，美国公众对 13 这个数字有一种天生的恐惧，某些酒店的电梯没有第 13 层。而 NASA 则恰恰相反，他们积极反对迷信。在执行太空飞行任务时，控制中心给宇航员分配日常工作就经常拿占星术开玩笑。阿波罗 13 号任务的指令长吉姆・洛弗尔和飞控主任吉恩・克兰兹（Gene Kranz, 1933—　）就一直坚持反对迷信，为了表明自己的观点，克兰兹把发射时间定在美国中央标准时 13 点 13 分。

飞船飞行到 55 小时 55 分钟时，一个氧气罐因故障发生爆炸，奥德赛号指令 / 服务舱严重损毁，此时，此次任务就变成了奋力让洛弗尔和他的两位宇航员同伴弗雷德・海斯（Fred Haise, 1933—　）、杰克・史威格特（Jack Swigert, 1931—1982）活着返回地球。他们不得不利用水瓶座号登月舱返回地球，水瓶座号原本的设计是维持两个宇航员在月球表面工作两天，现在，任务控制中心临时做出调整，让它能维持三个宇航员四天的时间。在此期间，海斯还由于尿路感染而发热。目前宇航员需要做的是手动修正航向，重新启动指令舱的电池电源，让飞船重新进入大气层。更为可怕的是，宇航员现在还不能确定隔热罩和降落伞系统的功能是否良好且正常工作。三位宇航员经历了四天的危险后，终于回到了地球。有人可能会说宇航员是“运气好”，但是如果没有他们刻苦训练、地球上的控制人员和工作人员的聪明才智和拒绝失败的态度，他们难以回到地球。克兰兹认为，这次各方人员的共同努力是 NASA 历史上“最辉煌的时刻”。

・月球“变脸”（39 亿—31 亿年前）、月球运动新模型（13 世纪）、地出（1968 年）、重返月球（1971 年）

图为受损的阿波罗 13 号。二号氧气罐的爆炸炸飞了其中一块面板，严重损坏了飞船的服务舱。由于事故发生在前往月球的途中，宇航员只能用水瓶座号登月舱作为救生船返回地球。

UNITED
STATES

1971 年

重返月球 089

阿波罗 13 号在飞行时出现紧急状况，因此它不得不在中止任务之前，把 SIV–B 级火箭分离撞向月球。1970 年 4 月 14 日，SIV–B 级火箭在阿波罗 12 号宇航员着陆的地点附近爆炸，后来这里更名为“知海”，意思就是“已为人所知的海”。在阿波罗 12 号着陆点安放的月震仪记录到了这次撞击产生的震动信号。2010 年，NASA 的月球勘测轨道飞行器还拍到了撞毁的 SIV–B 级火箭和它撞击月球表面时产生的 30 米长的撞击坑。

1971 年 1 月 31 日，阿波罗 14 号发射升空，目的是探测原本应该由阿波罗 13 号 177
来探测的弗拉·毛罗环高地。阿波罗 14 号的 SIV–B 级火箭和心宿二号登月舱从月球表面上升到月球轨道后，宇航员把 SIV–B 级火箭撞向月球。在整个阿波罗计划的后几次任务中，宇航员都会在月球表面实验站安放更多的仪器。月震仪会检测到 SIV–B 级火箭的撞击、登月舱的起飞阶段的振动、重击器击打以及迫击炮炮击时产生的震动信号，这些震动信号产生数据将有助于月球物理结构的研究。

宇航员艾伦·谢泼德和艾德加·米切尔（Edgar Mitchell, 1930—2016）在弗拉·毛罗环高地里停留的 33.5 个小时中，安放了一个激光测距反射器，它与尼尔·阿姆斯特朗和巴兹·奥尔德林在静海设置的激光测距反射器相同，加上阿波罗 15 号的宇航员将安放的激光测距发射器，它们可以测量地轴的摆动和大陆板块的漂移，除此之外，还可以通过测量计算出月球在潮汐力的作用下以每年 4 厘米的速度远离地球。

阿波罗 14 号还带回了有用的地质样本，是第一批从高地收集的样本。这些弗拉·毛罗环高地的岩石样本可以追溯到 45 亿年前，这支持了月球和太阳系几乎一样古老的观点。此外，由于从月海着陆点收集的玄武岩样本的年龄只有 32 亿到 39 亿年，因此，弗拉·毛罗环高地的样本证实了阿波罗计划之前的假设，即月球高地比月海要古老得多，对月球起源的研究有启示作用。

· 月球形成（45 亿年前）、人类一大步（1969 年）、任务失败，成功返回（1970 年）

1971 年阿波罗 14 号登月舱的照片。

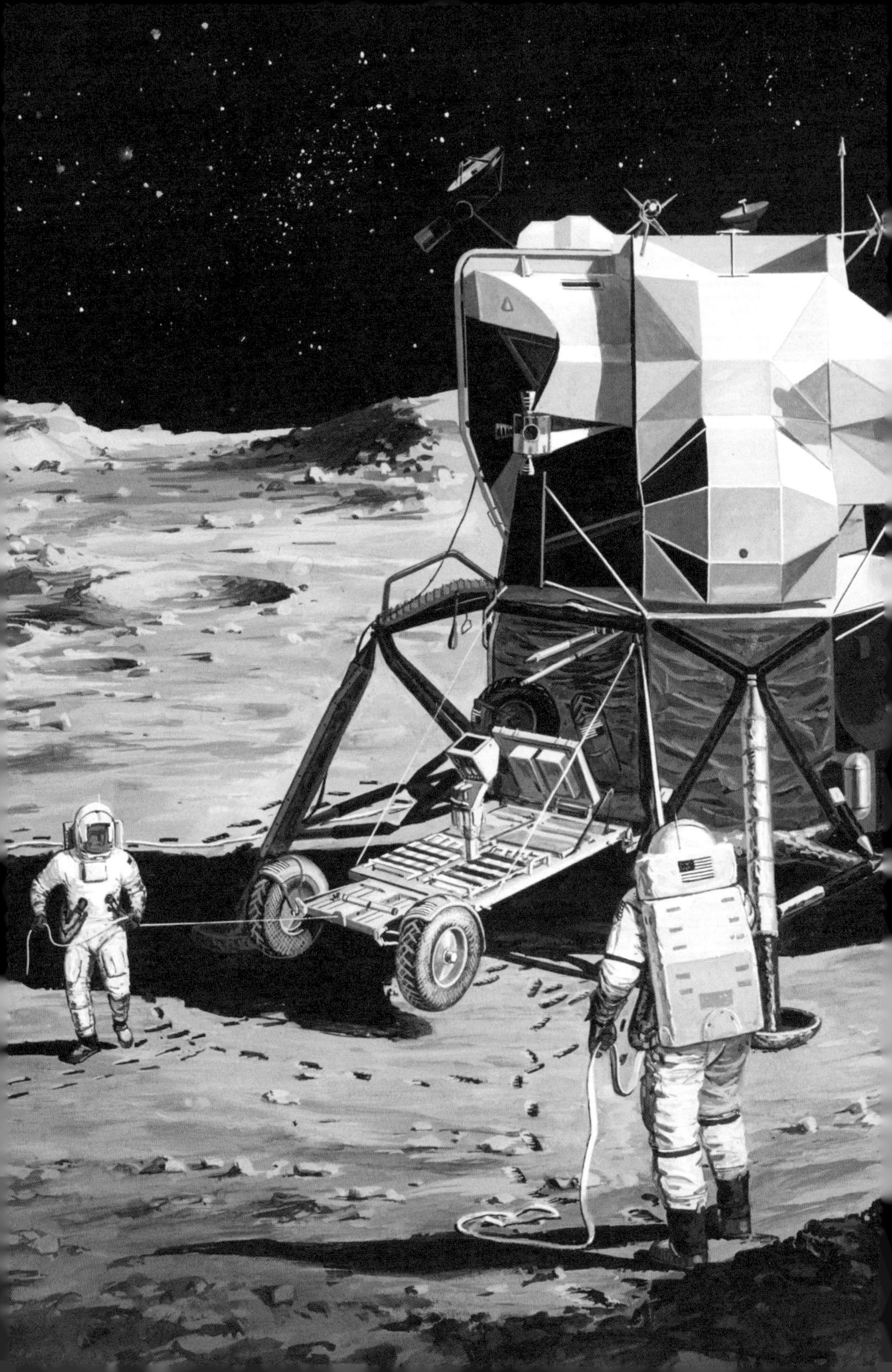

1971 年

延伸任务

阿波罗 15 号是 NASA 的第一次“J 任务”，其特点是在月球上停留更长时间，机动性和科学性更强。它的着陆点是在亚平宁地区的哈德利月溪。雨海盆地向上推亚平宁山形成了哈德利月溪，因此这里的样本可能可以反映原初的月壳。它位于之前阿波罗飞船的着陆点以北，要使猎鹰号登月舱携带足够的燃料下降到亚平宁山脉，在和奋进号指令 / 服务舱分离时需要的特殊操作。这种新的操作方法也能让猎鹰号携带一辆月球车（LRV），另外还能携带一些补给供应，以支持大卫·斯科特和詹姆斯·欧文（James Irwin, 1930—1991）在月球表面停留三天。

到达月球表面后，宇航员安放了月球表面试验站仪器设备，并收集了 78 公斤样本，包括斜长岩——这是一种主要由钙质斜长石组成白色岩石。钙质斜长石相对较轻，因此在月球熔融时期，它们浮在较重的矿物之上。这些白色岩石确实是原始月壳，是月球高地的主要成分。

宇航员探测了哈德利月溪后，发现它有 300 米深、1500 米宽，并时有火山喷发，这里是熔岩管的顶部坍塌后形成的遗迹。斯科特在哈德利月溪里通过电视转播给观众上了一节物理课，他把一把锤子和一根猎鹰羽毛同时扔下，果不其然，它们同时到达地面。他还立了一块纪念碑，上面刻着 14 位在太空探索中牺牲的美苏宇航员的名字。

阿波罗 15 号任务有一系列的科学使命，不仅在月球表面开展科学研究，而且指令舱飞行员艾尔弗雷德·沃登（Alfred Worden, 1932— ）也要在月球轨道上进行一系列的实验。但这在探索过程中也是小故障频出，欧文试图拔出打入地下的钻头时，出现了心律失常，当时人们怀疑这是血钾过低造成的。因此，飞行员的保健医生为阿波罗 16 号任务开了含钾药品。在任务过程中，指令长约翰·杨肠胃胀气，他抱怨这是钾的副作用，并且说了些粗俗的话，但他没有意识到说这话时电视正在直播。

· 开始用望远镜研究月球（1609 年）、学习会合和对接（1965—1966 年）、月球物质回收实验室（1969 年）、解开月球历史之谜（20 世纪七八十年代）、准备新任务（2018 年）

在这幅图中，阿波罗 15 号的宇航员在部署月球车。詹姆斯·欧文（左）用钢索拉开月球车，斯科特（右）把它降到月球表面。

1972 年

笛卡尔高地 091

“没有我们无法到达的远方，也没有我们无法发现的秘密。”

——勒奈·笛卡尔，1972 年 4 月

月球地质学家法鲁克·艾尔巴兹（Farouk El Baz）引用他的话写在 NASA 的黑板上。

阿波罗 16 号是 J 阶段任务之一，它有一个雄心勃勃的科学旅程，虽然在过程中有起起伏伏。在安放阿波罗月面实验装置时，连接热流实验的电缆勾住了任务指令长约翰·杨的腿，而后被拉断，因此不得不终止实验。此外，由于任务前轨道摄影出了问题，着陆点的地质特征并不完全符合任务前的期望。约翰·杨和登月舱驾驶员查尔斯·杜克（Charles Duke，1935— ）不得不临时选了个着陆点。此前，宇航员已经接受了1000 个小时的地质训练（相当于已经获得了地质学硕士学位），所以，他们从月球带回了高质量的地质样本，其中包括整个阿波罗计划期间收集的一些最古老的岩石样本。这些样本大部分都是角砾岩，位于静海西南高地的笛卡尔地区似乎遍布着角砾岩。这一发现推翻了该地区是被火山平原覆盖的观点，为月球和所有内行星频繁遭受巨大撞击的观点提供证据。

阿波罗 16 号地质探测的成功为下一次任务铺平了道路。阿波罗 17 号任务的宇航员中有一位真正的地质学家——哈里森·杰克·施密特（Harrison Jack Schmitt，1935— ），他是 NASA 选中的第四批“科学家”之一，在哈佛大学获得了地质学博士学位，曾给 NASA 提出一个极好的任务构想。施密特提议将齐奥尔科夫斯基环形山作为阿波罗 17 号的着陆点，这是一个以苏联航天先驱的名字命名的环形山，是月球背面的一处月海，里面大部分是高地，目前我们对它还知之甚少。这可能是解开月球不对称之谜的关键，但是，即使在登陆点和任务控制中心之间安装了中继通信卫星，此次探险也会伴有风险。所以，NASA 拒绝了施密特的提议。1972 年 12 月，施密特登陆在了金牛山脉中一个狭长的山谷——金牛–利特罗峡谷。

另参见 · 延伸任务（1971 年）、前往金牛–利特罗峡谷的任务（1972 年）、阿波罗生物堆号（1972 年）、被取消的阿波罗任务（1972—1974 年）

查尔斯·杜克（左）和约翰·杨（右）坐在训练用的月球车上。

1972 年

前往金牛 – 利特罗峡谷的任务 092

1972 年 12 月 11 日，阿波罗 17 号任务的指令长吉恩·塞尔南将挑战者号登月舱降落在金牛 – 利特罗峡谷，它是静海东南边沿金牛山脉中一个狭长的深谷。当天早些时候，塞尔南、登月舱驾驶员杰克·施密特和指令舱驾驶员罗纳德·埃文斯（Ronald Evans, 1933—1990）在指令舱中绕月飞行，俯瞰月球，进行月球表面摄影，还做了一些天文学方面的实验和空间辐射引起生物效应的实验，当时埃文斯在月球上空独自飞行着。在降落过程中，塞尔南在施密特的协助下驾驶挑战者号。他们一从挑战者号出舱，角色就发生了变化。作为一个训练有素的地质学家，施密特负责地质探测，而指令长塞尔南在月面上担任副手。塞尔南受过地质学训练，此时他协助施密特进行地质探测，就像降落登月舱时，受过飞行训练的施密特协助塞尔南一样。这是一种新型的太空任务人员组合，事实证明，这种组合比较合理实用。因此在 6 次阿波罗登月任务中，阿波罗 17 号取得了最好的科学成果。未来月球和行星探索的模式中，最有可能的组合是：一名接受过野外地质训练的飞行员和一名或多名接受过飞船操作训练的地质学家。

金牛–利特罗峡谷是一个地质宝库，其中最引人注目的是其满地橙色和黑色的玻璃珠。这些是数十亿年前从月球深处喷出的火山碎片、碎屑。橙色的玻璃珠是由一种含钛的矿物形成的，这些珠子中也含有一种叫橄榄石的镁铁硅酸盐矿物晶体。橄榄石在月球岩石中很常见，所以一开始最吸引人的并不是珠子中的这种晶体。直到 2008 年，地球化学家证实了橄榄石晶体中含有微量的常见挥发物：水。这使月球起源于巨大撞击的假说变得更加扑朔迷离，撞击说认为：月球形成初期，任何月球物质中都应该不存在挥发物。

· 阿波罗生物堆号（1972 年）、被取消的阿波罗任务（1972—1974 年）、解开月球历史之谜（20 世纪七八十年代）、准备新任务（2018 年）

阿波罗 17 号宇航员带回的月球微粒特写。这些是迄今为止所观测到的月球上最精细微粒，仅 20～45 微米（或 0.03 毫米）。2008 年，地球化学家在这些微粒珠子的矿物里发现了微量的水，让关于月球起源的巨大撞击假说更加扑朔迷离。

1972 年

阿波罗生物堆号

20 世纪 50 年代末发现范·艾伦辐射带后，NASA 得知，最直接到月球的航线会让宇航员暴露在可能致命的质子和重离子辐射中，这些会被地磁层捕获的粒子也叫高能重离子（HZE）。考虑到燃料、月球绕地轨道的倾角、阿波罗船体的屏蔽功能和辐射带的结构，解决宇航员免于暴露在辐射中的方案是：让飞船的航线迅速从内辐射带的一角穿过，完全避开其最致命的辐射，并让宇航员几个小时内穿过外辐射带相当狭窄的区域。这种方法虽然减少了暴露，但并没有消除辐射。此外，在辐射带之外，太空中充满了未被捕获的高能重离子，这些深空辐射的构成有以下两类：一类叫太阳粒子事件（SPEs），会周期性产生许多能量低一点的高能重离子；另一类叫银河宇宙辐射（GCR），会产生少量高能重离子，但它们的能量很高，一直存在于外范·艾伦带和月球之间。目前，外辐射带和银河宇宙辐射的高能重离子对生命的影响程度尚不清楚。

为了研究这个问题，欧洲科学家分别在阿波罗 16 号和阿波罗 17 号指令舱中携带了生物堆 1 号和生物堆 2 号进行实验。研究人员观察了大量暴露在高能重离子辐射中的生物物种，包括卤虫卵、枯草芽孢杆菌孢子和拟南芥种子。高能重离子没有伤害枯草芽孢杆菌的孢子，生物堆号中拟南芥种子也没有比地面上的对照种子表现差，但是，暴露在太空中的卤虫卵比其他生物对高能重离子辐射更敏感。阿波罗 17 号任务之后，很少有任务飞出范·艾伦带进行生物实验。至于飞入深空的人类还是很少，这样数据就不充分。研究表明，超过近地轨道的飞行可能会增加癌症、心血管疾病、白内障和其他长期身体受损的风险，因此有理由担心飞行带来的身体损害，但这个问题需要更多的研究，另外，我们也不知道人类对辐射的忍受极限，这要到我们重返月球、建立基地后才能得到答案。

· 新发现与新机构（1958—1959 年）、月球科学的开端（1964 年）、笛卡尔高地（1972 年）、前往金牛–利特罗峡谷的任务（1972 年）

三层范·艾伦带的艺术图。为了尽量减少暴露在范·艾伦带中的辐射，专门设计了前往月球的航线。为了避开最致命的辐射，宇航员要非常迅速穿过了内辐射带的一角，然后几个小时内穿过外辐射带相当狭窄的区域。

SERVICE MODULE
COMMAND MODULE

ORBITAL WORKSHOP

SATURN APOLLO APPLICATIONS
CLUSTER CONFIGURATION

被取消的阿波罗任务

建立空间站和月球基地、发射轨道望远镜和载人飞船飞越金星，这些任务都在 NASA 阿波罗应用计划的设想中。该应用计划会在着重于地质探测的阿波罗“J 任务”后，以新的方式将土星火箭和阿波罗飞船的组件组合起来，引进一系列先进的第三阶段、第四阶段和第五阶段的指令/服务舱。林登·约翰逊担任总统期间，NASA 生产了 15 枚土星 5 号火箭，足以支持到阿波罗 20 号登月，这最后的三个任务包括着陆到哥白尼、第谷环形山，或着陆到环形山的边缘，到达后，宇航员将沿着绳索降落到陨石坑底部。

1970 年 1 月，阿波罗 20 号任务被取消，这样 NASA 就可以用第十五次土星 5 号火箭发射天空实验室空间站——在预算削减中唯一幸存下来的阿波罗应用计划项目。美国虽然是国会控制预算，但总统有否决权，还可以通过倡议以及政治交易主导国家政策，仍然拥有很大的影响力。因此，理查德·尼克松（Richard Nixon, 1913—1994）总统能够终止美国第一个人类探月计划。

虽然约翰逊政府明白，削减 NASA 预算后，20 世纪就不能成功建立月球基地和发射载人飞船飞越金星了，但约翰逊和其他美国人一样，支持并延续了肯尼迪最初的登月计划，以此来纪念这位被刺身亡的总统和阿波罗 1 号牺牲的成员。与此形成鲜明对比的是，尼克松急于结束探月时代，也许是因为他仍然对 1960 年大选中输给肯尼迪而耿耿于怀。尼克松对宇航员在月球上做了什么，以及月球样本能揭示月球和地球的形成历史没有兴趣，1971 年 8 月，他曾试图取消阿波罗 16 号和阿波罗 17 号任务。所幸的是，这两项任务都得以保留，但阿波罗 18 号和阿波罗 19 号却在 1970 年 9 月被取消了。用于发射后两项任务的土星 5 号火箭，现在它们还在 NASA，作为展品供参观。

· 延伸任务（1971 年）、笛卡尔高地（1972 年）、前往金牛－利特罗峡谷的任务（1972 年）

天空实验室模型。该任务于 1973 年发射升空，是美国第一个空间站，内设一个工作舱和太阳观测站。

风化层

上层月壳

月幔

月核

20 世纪七八十年代

解开月球历史之谜

20 世纪 70 年代，NASA 专注于载人月球探测的同时，苏联的月球 16 号、月球 20 号和月球 24 号无人探测器在月面取样 326 克，将月球表层土样本带回地球，中国的嫦娥 5 号探测器计划 2019 年也取样返回。综合这些样本，科学家们已经确认了三百多块来自月球的陨石，其中也有阿波罗号取回的样本。这些样本共计 382 千克，是最有用的月球样本。

到 20 世纪 70 年代中期，科学家们分析了阿波罗号取回样品的特征后认为，月球形成后，月壳又熔融了很长一段时间。阿波罗号着陆点的月震测量和其他研究进一步揭示了月球表面之下的分层现象。在坚固的基岩之上，是整块有裂缝的岩石，再往上是大圆石和一些小岩石，其上覆盖着粉末状岩石构成的表层风化层。在熔融时期，重的矿物（辉石和橄榄石）深深下沉，而较轻的矿物（长石）上浮。因此，月球高地上（如，阿波罗 15 号和阿波罗 16 号的着陆点）随处可见钙长石。月壳硬化后，巨大的撞击形成盆地和陨石坑，并在月壳裂开的地方流出富含铁的玄武岩岩浆。这些熔岩流在硬化之前覆盖了月海表面，因此我们通常看到的月海就是黑暗的区域。

20 世纪 80 年代，科学家们根据阿波罗号飞船取回的样本分析结果，并结合以下三个因素：作为地球的卫星，月球的体积相对较大、月球轨道的某些特征和地球的自转特征，推断出月球的起源和之前的假想不一致。人们越来越觉得 1975 年威廉·哈特曼和唐纳德·戴维斯提出的月球起源设想更合理，他们认为：地球在形成地壳、地幔和地核不久后，与一颗火星大小、刚形成相似内部分层结构的行星相撞，在撞击过程中，地球从这两颗行星的核心获得了大部分的铁，并快速旋转，而它们的地幔和地壳物质形成了月球。近年来，有了越来越多的探测发现，包括阿波罗 15 号和阿波罗 17 号宇航员也发现了橄榄石晶体玻璃珠中有水，因此这个模型几经调整，对探测发现作出合理的解释。

· 月球形成（45 亿年前）、科学家思索月球起源（1873—1909 年）、延伸任务（1971 年），笛卡尔高地（1972 年）、前往金牛 – 利特罗峡谷的任务（1972 年）

月球的内部结构由三层组成：月壳、月幔和月核。月壳又包括风化层和上层月壳。

研究月球资源

科学家通过“阿波罗计划”认识到，月壳是由各种形式的硅酸盐组成的，其中含有硅和氧，另外，铁、镁、钛、钙、铝和锰的含量也很丰富。因此，科学家意识到，人类可以在月球表面获取金属、矿物和氧气，这意味着可以在月球上建立重工业。

20 世纪 80 年代，研究人员已经认识到，到达月球的太阳风中的氦-3 充满表层，它是氦的一种同位素，可以作为核聚变反应的高级燃料。虽然只使用氢同位素更容易实现核聚变，但使用氦-3 的核聚变过程中不产生中子，因此有一定的优势。这样就可以研制体积相对较小、重量较轻的核聚变发电机，快速推动宇宙飞船在太阳系飞行。此外，地球上氦-3 极为罕见，因此也可以用于核医学上的研究和应用。

月球硅酸盐可用来加工成玻璃，还可以加工成电子产品来生产光伏电池（PVCs），同样也能产生能量。阿波罗计划结束后，物理学家大卫·克里斯韦尔二世（David Criswe Ⅱ）意识到月基太阳能（LSP）可以以微波的能量形式发射到地球，然后转换成电能。并且，克里斯韦尔已经证明，如果大规模使用月基太阳能发电，它可以给地球的整个电网供电，还比地基太阳能发电更便宜，而且地球上不会产生化学废料。克里斯韦尔的构想给登月宇航员约翰·杨留下了深刻的印象，他晚年大力呼吁建立月基太阳能。今天，日本清水公司在着手准备制造一种光伏电池阵列，并把它称为“月神之环”，这个阵列将沿赤道绕月球一周。

地球之外的工业和勘探最需要的可能是水，水由氢和氧组成，它们可用作火箭推进剂，也可供人类呼吸。1994 年发射的克莱门汀探测器是用于观测月球和近地小行星地理星的，它是 NASA 和战略防御计划组织的合作项目。战略防御计划组织是一个主导导弹防御的政府组织。这个项目的目标是测试飞船挂载设备的性能，但在 1998 年，NASA 宣布，克莱门汀探测器的雷达观测测试显示，在月球南极附近的艾肯盆地中有冰，这是水以冰的形式存在于月球的证据。

另参见 · 月球勘探者探测器（1998 年）、准备新任务（2018 年）、建设月球基础设施（2019—2044 年）

克莱门汀探测器的概念图。

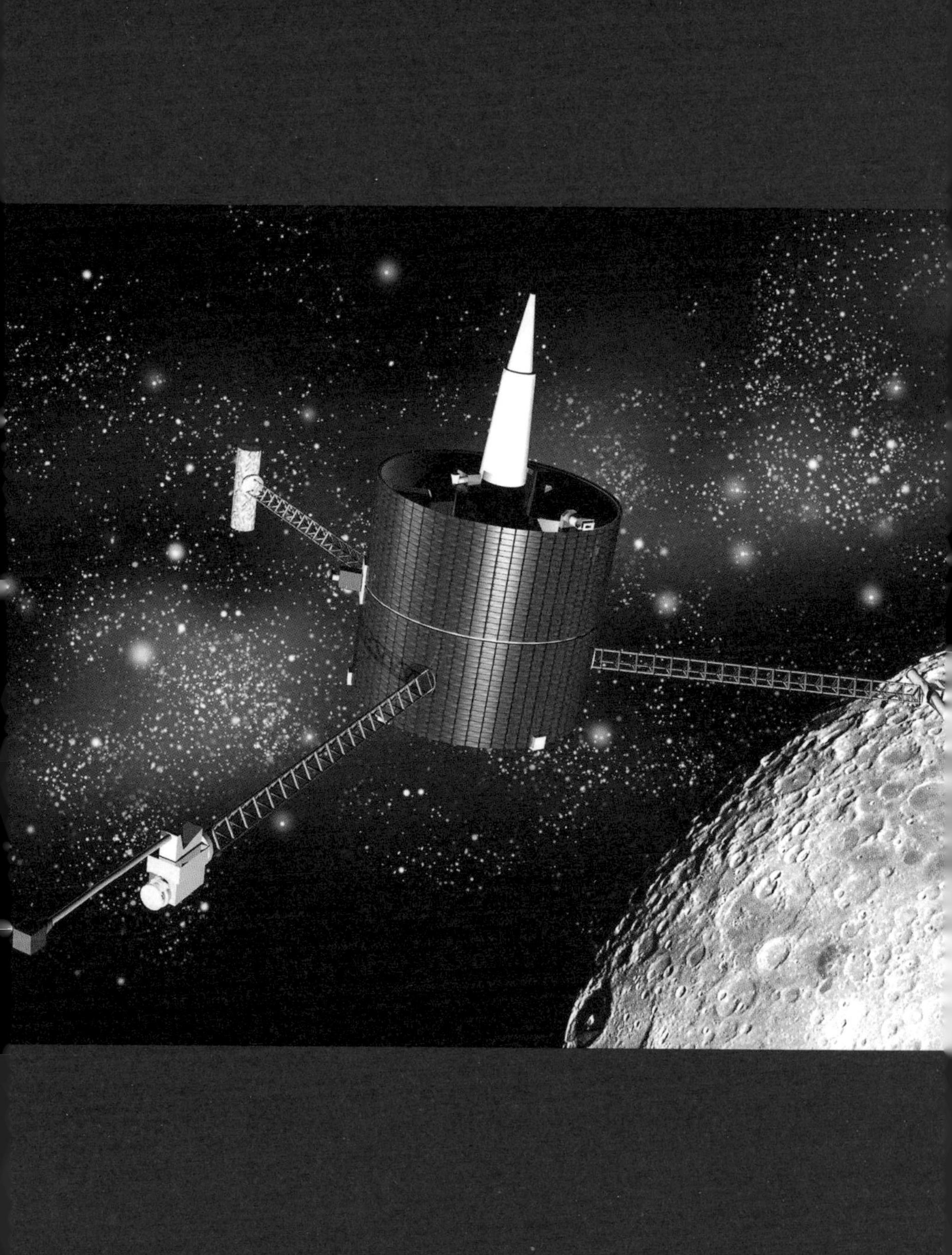

1998 年

月球勘探者探测器 097

克莱门汀探测器还在太空中运行的同时，另一个叫月球勘探者的探测器正在研发并准备发射，它属于NASA“发现计划”的一部分。月球勘探者探测器将携带5个仪器，绕月球进行低空极地轨道的一系列探测：测绘月球表面的化学成分和引力，测量不同地区释放的氡，测量月球的弱磁场。1997 年 7 月 18 日，这些仪器设备在美国准备就绪时，天体地质学先驱尤金·舒梅克和他的妻子、天文学家卡罗琳·舒梅克（Carolyn Shoemaker，1929—　）正在澳大利亚艾丽斯斯普林斯以北的地区研究陨石撞击坑。他们驾车在一条土路上转弯时，被另一辆车撞了，卡罗琳活了下来，而尤金不幸离世。

1998 年 1 月 7 日，月球勘探者探测器携带舒梅克的骨灰和仪器设备开始探月任务。月球勘探者探测器携带的中子光谱仪（NS）特别有趣的是，在克莱门汀探测到可能存在的水冰的地方，中子光谱仪可以确定氢的位置，而只要有冰存在的地方就应该可以探测到氢。这次任务中，中子光谱仪确实探测到了氢，因此可以推测，月球两极的风化层中含有大量的水。

月球勘探者探测器之后，又有很多空间探测器探测到月球表面有水冰存在的证据。其中，2008 年，印度的月船 1 号月球轨道器上搭载的 NASA 仪器在月球表面很大区域的上空探测到氢；2009 年，NASA 从月球环形山观测与遥感卫星（LCROSS）探测器发射一级火箭，撞击月球南极附近的卡比厄斯陨石坑，光谱分析显示，撞击喷出的碎片中水的成分超过 5%。

1999 年 7 月 31 日，月球勘探者探测器完成了探月任务后，刻意撞进了月球南半球的一个陨石坑中，把舒梅克的遗骸留在了他曾经想要造访的土地上，在他的骨灰盒里写有莎士比亚的诗：

等他死了，你再把他带去，
分散成无数小星星。
他会把天空装饰得如此美丽，
使全世界的人都眷恋着黑夜，
不再崇拜炫目的太阳。

——《罗密欧与朱丽叶》，第三幕，第二场

· 环形山新解（1948—1960 年）、月球科学的开端（1964 年）、天体地质学（1964—1965 年）

月球勘探者探测器绕月飞行艺术图。

Gravity gradient
(Eötvös)
30
0
-30

2003—2013 年

新一代月球探测器

21 世纪初期是无人驾驶的月球科学探测的繁荣时期。2003 年，欧洲航天局（ESA）的斯玛特 1 号月球轨道器拍摄了大量图像，从中可以获得月球表面化学元素的含量。四天后，NASA 改变两个地球轨道探测器的飞行方向，让它们绕月球的拉格朗日点（拉格朗日点位于月球引力和地球引力的平衡的点）运行，从此启动了阿尔忒弥斯任务。同年，中国、印度和日本都进行了月球探测任务。2007 年 10 月，中国发射了嫦娥 1 号月球探测器，6 年后发射的嫦娥 3 号着陆器把月球车送上了月球表面。与此同时，日本发射了月球学与工程探测器，该探测器也被称为月亮女神月球探测器。1 年后，印度也发射了月船 1 号探测器，它携带的 NASA 仪器可以在月球表面很大区域的上空探测氢和水。2009 年，NASA 发射了月球勘测轨道飞行器（LRO），在同一枚火箭上还搭载了月球环形山观测与遥感卫星，它在月球上找到了更多的证据表明水的存在。月球勘测轨道飞行器绕月球极地轨道运行多年，拍摄了大量高分辨率的月球表面图像，可用作未来月球表面工业区选址，也可以清晰地看到阿波罗登月点。

2009 年和 2010 年，在月亮女神月球探测器传回图片中，可以看到一些被称为“天光”的明亮区域，可能是一些熔岩管。和一般熔岩管不同，这些熔岩管位于地下，因此如果未来在这里建立月球基地，可以对辐射、流星撞击和极端温度进行天然防护。可以想象的是，到时候，部分熔岩管可能会被封死。在准地化的过程中，可以把它们密封，然后形成一个类似地球的生物圈，让转基因的植物和微生物在月球的风化层中茁壮成长，把风化层变成土壤，并让氧气、氮、碳和水循环起来。

2011 年，美国发射了圣杯号月球探测器。该任务由圣杯号两枚探测器组成，全名为“月球重力恢复和内部实验室”。通过测量两枚探测器之间距离的连续变化，可以绘制精确的月球重力分布图，为未来的登月任务提供帮助。2013 年，NASA 发射了月球大气及尘埃环境探测器，来研究月球稀薄大气的结构和成分。

· 延伸任务（1971 年）、准备新任务（2018 年）

这些图片是月球背面的重力梯度图，红色和蓝色表示重力梯度最强的区域。这是根据圣杯号探测器的观测数据绘制的。

2018 年

准备新任务

099

2018 年，几项探月任务都在准备中：印度的月船 2 号，包含月球轨道器、着陆器和月球车；中国嫦娥 5 号月球样本采集任务；还有 NASA 新的运载火箭——太空发射系统首次试飞。这些准备中的任务和私人公司宣布的即将进行的探月项目都表明，长期以来关于月球起源的问题的答案即将揭晓。阿波罗“KREEP”样本解释了其中一个问题，“KREEP”中“K”和“P”代表钾和磷，“REE”代表稀土元素，它们为月球经历过熔融时期提供了证据。此外，“大撞击假说”认为行星撞击月球时会在月壳中留下自己的痕迹，它们也为这个假说提供了证据。未来对月球未经勘查地点的探测可能会揭示，KREEP 是在月球上普遍存在，还是只是一种宇宙中“红鲱鱼”，与月球起源完全无关。

与此同时，月球和地球匹配的元素同位素比率、地球自转和月球轨道的物理学，以及阿波罗 15 号和阿波罗 17 号发现玻璃态样本中有水，引发了对大撞击假说的各种调整，并为新的月球起源假说铺平了道路。其中之一是，多次小撞击假说，于 2015—2017 年进入了人们的视野。以色列魏兹曼研究所的研究人员假设一系列的小撞击（约 20 次），取代了火星大小的忒伊亚的大撞击（忒伊亚是太阳系内曾存在过的一颗行星，有假设认为它与地球撞击形成了月球），这些撞击产生的碎片逐渐聚合成小卫星，小卫星聚合成我们熟悉和喜爱的月球。

月球的撞击起源假说不能解释为什么同样的过程没有给地球的近邻金星形成一个类似的卫星。毕竟，整个内太阳系是频繁发生撞击事件的，而金星的质量几乎与地球相当。另一方面，金星绕太阳公转时自转是向后的，这种情况可能是由于与金星原来的自转方向相反的撞击。行星科学家们认为这样的撞击以及之前的撞击，可以给金星形成一个或多个卫星，但向后旋转的行星潮汐力随后会把金星的卫星向内拉扯，最后撕碎，就像地球的旋转不断向前拉近月球一样。

· 月球形成（45 亿年前）、前往金牛－利特罗峡谷的任务（1972 年）

NASA 太空发射系统的艺术概念，它能将猎户座号飞船宇航员和相关硬件一块发射。据报道，截至 2018 年 10 月，太空发射系统项目进度滞后，预算超支。

2019—2044 年

建设月球基础设施 100

月球背面的天文学观测没有受地面电磁信号干扰，处理月球矿石、在月球基地做研究、研究低重力如何影响生理和生殖——这些研究项目在 1969 年宇航员第一次登陆月球就已被提出。但在沉寂约四分之一世纪后，克莱门汀探测器发现了月球表面的冰，使得这些研究项目得以焕发生机。

NASA、ESA 和私人航空公司一直希望利用新一代超级火箭发射载人飞船飞越月球、进行月球轨道任务、构建位于月地空间的小型空间站，靠近月球的空间站可用于飞往月球或深空的中转，也可用于访问参观。与此同时，俄罗斯联邦航天局（ROCOMOS）已经宣布，可能会在月球轨道上建立自己的空间站，而不直接参与月地空间站项目。从 21 世纪 20 年代开始，宇航员将乘坐 NASA 的新型猎户座号飞船飞行，该飞船的动力由 ESA 研造的服务舱提供，由 NASA 的太空发射系统发射。太空探索技术公司（Space X）和蓝色起源（Blue Origin）两家私人公司也正在开发自己的超级火箭。最大的是 Space X 公司的大猎鹰火箭（BFR），它的发射推力甚至超过了最先进的太空发射系统，但可能要过几年才能研制好。

如今，这不是一场新的“太空竞赛”。与阿波罗登月计划一样，政府与行业之间也存在相互依赖关系，NASA 和 ESA 主导研究，虽然 Space X 计划将游客送上月球，但他仍然是 NASA 的客户。与此同时，毕格罗航空航天公司正在开发一个可充气式月球轨道基地，它可以支持 NASA 的项目，也可以发挥旅游功能，或者这两个方面都进行。还有一家公司——月球快递公司（Moon Ex）——正在开发用于科学实验的轻型登陆月球机器人。

人类再次登陆月球的时间还很难预测，但 21 世纪 30 年代会有很多人登陆月球，届时 ESA 将计划建造“月球村”。到 2040 年，月球村可容纳 100 名科学家，将拥有可再生的生命维持系统、防高压防尘的太空服，太空服还要配备先进手套，不过这种手套现在还没发明出来。

· 研究月球资源（20 世纪八九十年代）、准备新任务（2018 年）

艺术家构想的月球基地，这是用 3D 打印技术制作的，ESA 正在探索建造月球基地的可能性，计划在 2030 年之前建立一个“月球村”。

参考资料

45 亿年前　月球形成

Hartmann, W. K., and D.R. Davis. "Satellite-sized planetesimals and lunar origin." *Icarus* 24(1975), 504-515.

Rufu, R. O.Aharonson, and H.B Perets, "A multiple-impact origin for the Moon." *Nature Geoscience* 10 (2017), 89-94.

Tyson, P. PBS Nova Online. "Origins."https://www.pbs.org/wgbh/nova/tothemoon/origins.html

45 亿年前　月球与地球开始潮汐摩擦

Tyson, N.D. "The Tidal Force." Hayde: Planetarium(1995). http://www.haydenplanetarium.org/tyson/

43 亿—37 亿年前　地球的生命起源和月球

Dodd, M.S., D. Papineau, T. Grenne JF. Slack, M. Rittner, F. Piraino, J O'Neil, and CT Little. "Evidence for early life in Earth's oldesthvdrothermal vent precipitates." *Nature* 543 (7643)(2017): 60-64. doi: 10.1038/nature21377.

Dorminey, B. "Without the Moon, Would There Be Life on Earth?" *Scientific American* (2009). https:/// www.scientificamerican.com/ article/moon-life-tides/

Sharp. T "How Far is the Moon?"(2017). https://www.spacecom/18145-how-far-is-the-moon.html.

43 亿—37 亿年前　月球表面的撞击坑

Spudis, P., et al. "Moon 101 LectureSeries" (2008), Lunar Planetary Institute. Houston, TX. https:// www.lpi.usra.edu/lunar/moon101/. Accessed October 2, 2017

39 亿—31 亿年前　月球"变脸"

Spudis, P, et al. "Moon 101 LectureSeries" (2008), Lunar Planetary Institute. Houston, TX. https://www.lpi.usra.edu/lunar/moon 101/.ccessed October 12, 2017.

38 亿—35 亿年前　月球火山活动高峰期

Needham, D.A, and D.A. Kring. "Lunar volcanism produced atransient atmosphere around the ancient Moon." *Earth and Planetary ScienceLetters* 478(15)(2017): 175-178.

Spudis, P., et al. "Moon 101 LectureSeries" (2008). Lunar Planetary Institute. Houston, TX. https://www.lpi.usra.edu/lunar/moon 101/.Accessed October 24, 2017.

32 亿—11 亿年前　月球地质年代之厄拉多塞纪

Sagan, C., A. Druyan, and S. Soter. *Cosmos: A Personal Voyage*(1980). Episode 1: "The Shores of the Cosmic Ocean."

Spudis, P. et al. "Moon 101 Lecture Series" (2008). Lunar Plnetary Institute. Houston, TX. https:// www.lpi.usra.edu/lunar/moon101/. Accessed November 5, 2017

11 亿年前　月球地质时代之哥白尼纪的开始

Sagan, C., A. Druyan, and S. Soter. Cosmos: *A Personal Voyage*(1980). Episode 7: "The Backbone of Night".

Spudis, P. et al. "Moon 101 Lecture Series" (2008). Lunar Plnetary Institute. Houston, TX. https:// www.lpi.usra.edu/lunar/moon101/. Accessed November 20, 2017.

4.5 亿年前　撞击形成阿利斯塔克环形山
"NASA-Striated Blocks in Aristarchus Crater"（2011）. NASA. https：//www.nasa.gov/mission_ pages/LRO/multimedia/lroimages/lroc-20110216-aristarchus.html.

4.4 亿—150 万年前　月球帮助了地球上的智慧生命
Australian Academy of Science. "The Goldilocks Planet：Why Earth is our oasis." https：//www.science.org.au/curious/space-time/goldilocksplanet

约公元前 8000 年 中石器时代的阴历
Smith, R. "World's Oldest Calendar Discovered in U.K." *National Geographic*（2013）.

公元前 23 世纪 人类历史上第一位署名作家
Druyan, A., and S. Soter. *Cosmos*：*A Spacetime Odyssey*（2014）. Season 1, Episode 11："The Immortals."
Mchale-Moore, R. "The Mystery of Enheduanna's Disk." https：//janes.scholasticaahq.com/article/2431.pdf

公元前 22 世纪　中国上空的日月相遇
Odenwald. S. "Ancient Eclipses in China." NASA Goddard Space Flight Center（2009）. https：//sunearthday.nasa.gov/ 2009eclipse/ancienteclipses.php
"Solar Eclipses and Science in Early China." https：//michaelsaso.org/solar-eclipses-and-science-in-early-china/.

公元前 22 世纪—公元前 21 世纪　苏美尔阴历
"Astronomy the Babylonian Way." http：//adsbit.harvard.edu/cgi-bin/nph-iarticle_query?bibcode=2012JRASC.106.108A&db_key=AST&page_ind=0&data_type=GIF&types=SCREEN_VIEW&classic=YES.

公元前 18 世纪—公元前 17 世纪　复杂的阴历系统
Joseph, B. "History of Cosmology in Western Civilization." University of Hawaii. http：//www.ifa.hawaiiedu/users/joseph/1.%20Babylonians.pdf.

公元前 763 年　亚述日食
NASA. *Eclipse History*. https：//eclipse2017.nasa.gov/eclipse-history. Accessed August 27, 2018

公元前 747—公元前 734 年　那布那西尔制定标准阴历
Britton, *J.Arch. Hist. Exact Sci.* 61：83（2007）. https：//doi.org/10.1007/00407-006-0121-9

约公元前 7 世纪　最早记载的月神塞勒涅
The Core Curriculum. *Sappho*：*630 BCE-570 BCE*. Columbia College. https：//www.college.columbia.edu/core/content/sappho. Accessed June 4, 2018
D'Aulaire, I., and E.P. D'Aulaire. *Ingri and Edgar Parin d'Aulaire's Book of Greek Myths*. Garden City：Doubleday, 1962.

公元前 6 世纪　非宗教天文学的开端
Feynman, R., *The Character of Physical Law*（Cambridge：M.I.T. Press）, 46-47. Out of print; available at University of Virginia http：//people.virginia.edu/~ecd3m/1110/Fall2014/The_Character_of_Physical Law.pdf. Accessed August 30, 2018
Sagan, C., A. Druyan, and S. Soter. *Cosmos*：*A Personal Vovage*（1980）Episode 7："The Backbone of Night"
TehPhysicalist. "Feynman：'Greek' versus 'Babylonian' mathematics." YouTube video, 10：19, Posted May2012. https：//www.youtube.com/watch?v=YaUlaXRPMmY.

公元前 6 世纪　泰勒斯阻止了一场战争
COSMOS-The SAO Encyclopedia of Astronomy：Thales http：//astronomy.swin.edu.au/cosmos/T/Thales.Accessed April 30, 2018.
Sagan. C.A. Druyan, and S. Soter. *Cosmos*：*A Personal Vovage*（1980）. Episode 7："The Backbone of Night."

公元前 6 世纪　球形和谐

Sagan. C.A. Druyan, and S. Soter. *Cosmos*：*A Personal Vovage*（1980）. Episode 7："The Backbone of Night."

公元前 5 世纪　阿那克萨戈拉受审

Stanford Encyclopedia of Philosophy：Anaxagoras. https：//plato.stanford.edu/entries/anaxagoras/. Accessed April 30, 2018

公元前 5 世纪　希腊人认识月相

American Physical Society News. "This Month in the History of Physics"（2006）. https：//www.aps.org/publications/apsnews/200606/history.cfm. Accessed May 1, 2018

Graham, D.W. "Advances in Early Greek Astronomy." http：//citeseerx.ist.psu.edu/viewdoc/download?doi=10.1.1.573.7893&rep=repl&type=pdf. Accessed September 1. 2018

"The Moon. " *The Galileo Project*. Rice University. http：//galileo.rice.edu/sci/observations/moon.html. Accessed August 15, 2018

约公元前 350 年　地球在月球上的弯曲阴影

American Physical Society News. "This Month in the History of Physics"（2006）. https：//www.aps.org/publications/apsnews/200606/history.cfm. Accessed May 1, 2018

Sagan. C.A. Druyan, and S. Soter. *Cosmos*：*A Personal Vovage*（1980）. Episode 7："The Backbone of Night."

约公元前 350 年　完美天体被毁

Sagan. C.A. Druyan, and S. Soter. *Cosmos*：*A Personal Vovage*（1980）. Episode 7："The Backbone of Night."

"The Moon. " *The Galileo Project*. Rice University. http：//galileo.rice.edu/sci/observations/moon.html. Accessed August 15, 2018

公元前 3 世纪初　亚历山大图书馆

"Raising Alexandria." *Smithsonian Magazine*. https：//www.smithsonianmag.com/science-nature/raising-alexandria-151005550/. Accessed April 25, 2018

公元前 3 世纪　阿利斯塔克测量月球直径和月地距离

"Bucknell University Astronomy 101 Specials：Aristarchus and the Size of the Moon." https：//www.eg.bucknell.edu/physics/astronomy/astr101/specials/aristarchus.html. Accessed December 10, 2017

公元前 3 世纪　弦月和日心说

Cornell University. *Aristarchus*. http：//astrosun2.astro.cornell.edu/academics/courses/astro201/aristarchus.htm. Accessed December 10, 2017.

Phys.Org. "What is the heliocentric model of the universe?" https：//phys.org/news/2016-01-heliocentric-universe.html. Accessed December 20, 2018.

公元前 3 世纪　厄拉多塞计算地球周长

American Physical Society News. "This Month in the History of Physics"（2006）. https：//www.aps.org/publications/apsnews/200606/history.cfm. Accessed May 1, 2018

Sagan. C.A. Druyan, and S. Soter. *Cosmos*：*A Personal Vovage*（1980）. Episode 1：The Shores of the Cosmic Ocean

公元前 3 世纪　《数沙者》

Acknowledgement：*Gratitude to Dr. Richard Carrier, historian, for his insight.*

Archimedes. *The Sand Reckoner*. Translation. Department of Mathematics. Trent University. http：//euclid.trentu.ca/math/b/3810H/Fall-2009/The-Sand-Reckoner.pdf.

Phys.Org. "What is the heliocentric model of the universe?" https：//phys.org/news/2016-01-heliocentric-universe.html. Accessed December 20, 2018.

公元前 2 世纪　用数学研究月球运动

Toomer, G.J. "Hipparchus on the Distances of the Sun and Moon." JSTOR Archive for History of Exact Sciences, 14：2（31. XI1.1974）.126-142. https：//www.jstor.org/stable/41133426?seq=l#page_scan_tab-contents

约公元前 100 年　安提基特拉机械

Edmunds, M.G., and P. Morgan. "The Antikythera Mechanism：Still a mystery of Greek astronomy?" *Astronomy & Geophysics*, 41：6, 1 December 2000, 6.10-6.17. https：//doi.org/10.1046/j.1468-4004.2000.41610.x

1—2 世纪　月球上的脸

Plutarch. *Concerning the Face Which Appears in the Orb of the Moon*. Translation. University of Chicago. http：//penelope.uchicago.edu/Thayer/E/Roman/Texts/Plutarch/Moralia/The_Face_in_the_Moon*/A.html. Accessed January 1 3, 2018.

Spudis, P.D.（2014）. *Air and Space Magazine*. "Apollo 15 and the Power of Inspiration." https：//www.airspacemag.com/dailyplanet/apollo-15-and-powerinspiration-180952095/. Accessed January 3, 2018.

约 150 年　《天文学大成》

Swetz, F.J. Mathematical Treasure：*Ptolemy's Almagest*. Mathematical Association of America. https：///www.maa.org/press/periodicals/convergence/mathematical-treasure-ptolemy-s-almagest. Accessed January 3, 2018.

500—800 年　东方天文学家持续观天

Al-Khalili, J. Pathfinders：*The Golden Age of Arabic Science*. Penguin, 2010.

Billard, R. "Aryabhata and Indian astronomy." http：//adsabs.harvardedu/abs/1977InJHS..12..207B. Accessed January 4, 2018

9—11 世纪　质疑

Al-Khalili, J. *Pathfinders*：*The Golden Age of Arabic Science*. Penguin, 2010.

11 世纪　看到新月的第一缕光

Al-Khalili, J. *Pathfinders*：*The Golden Age of Arabic Science*. Penguin, 2010.

13 世纪　月球运动新模型

Al-Khalili, J. *Pathfinders*：*The Golden Age of Arabic Science*. Penguin, 2010.

14 世纪　根据月球亮度估计恒星距离

Ne'eman, Y. "Astronomy in Sefarad." Tel Aviv University. http：//wise-obs.tau.ac.il/judaism/sefarad.html. Accessed February 1, 2018.

14 世纪　调整月地距离变化

Al-Khalili, J. *Pathfinders*：*The Golden Age of Arabic Science*. Penguin, 2010.

1543 年　只有月球绕地球运行

Al-Khalili, J. *Pathfinders*：*The Golden Age of Arabic Science*. Penguin, 2010.

"Copernican System." The Galileo Project. Rice University. http：//galileo.rice.edu/sci/theories/ copernican_system.html. Accessed January 15, 2018.

16 世纪 70 年代　月球和太阳绕地球运行

"The Astronomers：Tycho Brahe and Johannes Kepler. Ice Core Records-From Volcanoes to Supernovas." Harvard University. http：//chandra.harvard.edu/edu/formal/icecore/The_Astronomers_Tycho_and_Johannes_Kepler.pdf. Accessed December 28, 2017.

1581 年　月球梦之旅

"The Astronomers：Tycho Brahe and Johannes Kepler. Ice Core Records-From Volcanoes to Supernovas." Harvard University. http：//chandra.harvard.edu/edu/formal/icecore/The_Astronomers_Tycho_and_Johannes_Kepler.pdf. Accessed December 28, 2017.

1609 年　开始用望远镜研究月球

Rice University. "The Galileo Project：Thomas Harriot." http：//galileo.rice.edu/sci/harriot.html. Accessed January 3. 2018.

Rice University. "The Galileo Project：Galileo." http：//galileo.rice.edu/ galileo.html. Accessed January 3, 2018.

17 世纪　不断升级的望远镜能把月球看得更细致

"The First Telescopes." American Institute of Physics. https：//history.aip.org/exhibits/cosmology/tools/ tools-first-telescopes.htm. Accessed February 1, 2018.

17 世纪末　月球启发了艾萨克 · 牛顿

Isaac Newton Instute for Mathematical Sciences：The Isaac Newton Institute. https：//www.newton.ac.uk/about/isaac-newton. Accessed February 5, 2018.

18 世纪　仪器的改良促进月球天文学的发展

Wilson, C.（2003）. "Astronomy and Cosmology." In R. Porter（ed.）, *The Cambridge History of Science*, pp.328-353. Cambridge：Cambridge University Press. doi：10.1017/CHOL9780521572439.015.

Rice University. "The Galileo Project：Edmund Halley." http：//galileo.rice.edu/Catalog/NewFiles/halley.html. Accessed February 6, 2018.

18 世纪末　伯明翰月光社

The Lunar Society. "Historic UK." https：//www.historic-uk.com/CultureUK/The-Lunar-Society/. Accessed January 10, 2018.

"Lunar Society of Birmingham and their circle." https：//www.npg.org.uk/collections/search/group/1188. Accessed January 10, 2018.

1824 年　观测月球的另一个医生

"On the Moon with James Nasmyth, 1874"（2014）. http：//web.mit.edu/redingtn/www/netadv/SP20141020.html. Accessed December 5, 2018

"The Man Who Found a City on the Moon"（1990）. The Aurora. SAO/NASA Astrophysics Data System.

19 世纪 70 年代　凡尔纳启发了航天之父

"Konstantin E. Tsiolkovsky." National Aeronautics and Space Administration. https：//www.nasa.gov/audience/foreducators/rocketry/home/konstantin-tsiolkovsky.html. Accessed January 12,2018.

Redd, NT.（2013）. "Konstantin Tsiolkovsky：Russian Father of Rocketry" Space.com. https：//www.space.com/19994-konstantin-tsiolkovsky.html. Accessed January 12, 2018.

Siddiqi, A.（2007）. "Russia's Long Love Affair with Space." *Air and Space*. https：//www.airspacemag.com/space/russias-long-love-affair-with-space-19739095/. Accessed December 15, 2017.

1873—1909 年　科学家思索月球起源

Brush, S.G. "Early History of Selenogony." In *Origin ofthe Moon*. Hartmann, W.K., R.G. Phillips, and G.J. Tavlor, eds. Houston：Lunar an Planetary Institute, 1986, 3-15.

Brush, S.G. "Nickel for Your Thought：Urey and the Origin of the Moon." Science 217（1982）：891-898.

1914—1922 年　利用月球证明广义相对论

Overbye, D. "The Eclipse That Revealed the Universe." *New York Times*. July 31, 2017. https：//www.nytimes.com/2017/07/31/science/eclipse-einstein-general-relativity.html. Accessed March 1, 2018

1926 年　第一艘液体燃料火箭

"Dr. Robert H. Goddard, American Rocketry Pioneer." National Aeronautics and Space Administration. https：//www.nasa.gov/centers/goddard/about/history/dr_goddard.html. Accessed February 18, 2018

Izdatel'stvo Akademi Nauk. "Theory of Space Flight"（Teoriya kosmicheskogo poleta）SSSR. Leningrad, 1932. Translated（Jerusalem, 1971）by Israel Program for Scientific Translations as "Interplanetary Flight and Communication"（Mezhplanetnye soobshcheniya）by Rynin NA. Published Pursuant to an Agreement NASA. https：//ntrs.nasa.gov/archive/nasa/casi.ntrs.nasa.gov/19720015160.pdf. Accessed December 15, 2017.

Neufeld, M.（2016）. "Robert Godard and the

First Liquid-Propellant Rocket." *Smithsonian Air and Space*. https: //airandspace.si.edu/stories/editorial/robert-goddard-and-first-liquid-propellant-rocket. Accessed February 17, 2018.

Redd, NT. (2013). "Robert Goddard: American Father of Rocketry." https: //www.space.com/19944-robert-goddard.html. Accessed December 1, 2017.

"Robert Hutchings Goddard." Biographical Note. Clark University Archives. https: //www2.clarku.edu/research/archives/goddard/bio_note.cfm. Accessed February 17, 2018

1929 年 《月里嫦娥》

Izdatel'stvo Akademi Nauk. "Theory of Space Flight" (Teoriya kosmicheskogo poleta) SSSR. Leningrad, 1932. Translated (Jerusalem, 1971) by Israel Program for Scientific Translations as "Interplanetary Flight and Communication" (Mezhplanetnye soobshcheniya) by Rynin NA. Published Pursuant to an Agreement NASA. https: //ntrs.nasa.gov/archive/nasa/casi.ntrs.nasa.gov/19720015160.pdf. Accessed December 15, 2017.

Moore, K. (2014). Reviews: Frau im Mond (1929), *Starburst*. https: //www.starburstmagazine.com/reviews/frau-im-mond-1929. Accessed January 4, 2018.

National Aeronautics and Spare Administration: "Hermann Oberth." https: //www.nasa.gov/audience/foreducators/rocketry/home/hermann-oberth.html Accessed January 3, 2018

Siddiqi, A. (2007). "Russia's Long Love Affair with Space." *Air and Space*. https: //www.airspacemag.com/space/russias-long-love-affair-with-space-19739095/. Accessed December 15, 2017.

1938 年 BIS 月球飞船设计

"The BIS Lunar Spaceship." The British Interplanetary Society. https: //www.bis-space.com/what-we-do/projects/bis-lunar-spaceship. Accessed January 6, 2018.

"Lindbergh's Anti-Jewish Speech Meets with Severe Criticism in American Press." September 1941. Jewish Telegraphic Agency. https: //www.jta.org/1941/09/15/archive/ndberghs-anti-jewish-speech-meets-with-severe-criticism-in-american-press. Accessed Decembe 16, 2017.

1930—1944 年 土星 5 号登月火箭的起源

"A Brief History of Rocketry." NASA Kennedy Space Center. https: //science.ksc.nasa.gov/history/rocket-history.txt. Accessed December 15, 2017.

Mallon, T. (2007). "Rocket Man: The complex orbits of Wernher von Braun." *New Yorker* https: //www.newyorker.com/magazine/2007/10/22/rocket-man. Accessed December 1, 2017.

Neufeld, M. *Von Braun: Dreamer of Space, Engineer of War. Vintage*. 2008.

1945 年 阴云行动

Adams, G., and D. Balfour. *Unmasking Administrative Evil*. Sage Publications, 1998.

Lower, Wendy. "Willkommen" (book review). *New York Times*. https: //www.nytimes.com/2014/03/02/books/review/operation-paperclip-by-annie-jacobsen.html. Accessed January 10, 2018.

Mallon, T. (2007). "Rocket Man: The complex orbits of Wernher von Braun." *New Yorker* https: //www.newyorker.com/magazine/2007/10/22/rocket-man. Accessed December 1, 2017.

"Peenemunde-1943." Global Security.org. https: //www.globalsecurity.org/wmd/ops/peenemunde.htm. Accessed September 26, 2018.

Thornton, M. "Rocket Expert Renounces U.S. In Nazi Probe." *Washington Post*. https: //www.washingtonpost.com/archive/politics/1984/10/18/rocket-expert-renounces-us-in-nazi-probe/c4ba2ea9-4b47-4489-8bcl-3f7963c3205f/?noredirec=on&utm_term=.3919e7b09fb2. Accessed January 14,

2014. This is about Arthur L.H. Rudolph, a close friend and co-worker of Wernher Von Braun.

"World War II：Operation Paperclip." Jewish Virtual Library. https：//www.jewishvirtual-library.org/operation-paperclip. Accessed January 6, 2018.

1948—1960 年　环形山新解

"Eugene M. Shoemaker." National Academy of Sciences. http：//www.nasonline.org/publications/biographical-memoirs/memoir-pdfs/shoemaker-eugene.pdf. Accessed January 18, 2018.

1957 年　斯普特尼克号

Cadbury, D. *Space Race*. HarperCollins, 2005.

Chaikin, A. "History of NASA Missions：A Scientific, Engineering & Human Adventure." Presentation at NASA Goddard Space Flight Center. June 2017. http：//www.andrewchaikin.com/wp-content/uploads/downloads/2017/06/NASA-Missions-Human-l-of-3-web.pdf. Accessed March 3, 2018.

Russian Space Web. "Sergei Koroley." http：//www.russianspaceweb.com/korolev.html. Accessed February 1, 2018.

Sagdeev, R. "Sputnik and the Soviets." *Science* 318（5847, 2007）, 51-52. DOI：10.1126/science.1149240.

1958 年　探险者 1 号

Cadbury, D. *Space Race*. HarperCollins, 2005.

NASA. "Explorer 1 Overview." http：//mail.cosmicevolution.net/?_task=mail&_mbox=INBOX. Accessed February 2, 2018.

1958—1959 年　新发现与新机构

NASA. "The Birth of NASA." https：//www.nasa.gov/exploration/whyweexplore/Why_we_29.html. Accessed January 16, 2018

"Studying the Van Allen Belts 60 Years After America's First Spacecraft." NASA. https：//www.nasa.gov/feature/goddard/2018/studying-the-van-allen-belts-60-year-after-america-s-first-spacecraft. Accessed March 2, 2018.

1959 年　第一张月球背面的照片

Cadbury, D. *Space Race*. HarperCollins, 2005.

Zarya. "The Mission of Luna 3." http：//www.zarya.info/Diaries/Luna/Luna03.php. Accessed February 15, 2018.

1961 年　人类进入太空

Cadbury, D. *Space Race*. HarperCollins, 2005.

Hanser, K. "Mercury Primate Capsule and Ham the Astrochimp"（2015）. Smithsonian National Air and Space Museum. https：//airandspace.si.edu/stories/editorial/mercury-primate-capsule-and-ham-astrochimp. Accessed February 1, 2018.

Redd, NT.（2012）. "Yuri Gagarin：First Man in Space | The Greatest Moments in Flight." Space.com. https：//www.space.com/16159-first-man-in-space.html. Accessed February 1, 2018.

1961 年　太空中的美国人

Cadbury, D. *Space Race*. HarperCollins, 2005.

Chaikin, A. "History of NASA Missions：A Scientific, Engineering & Human Adventure." Presentation at NASA Goddard Space Flight Center. June 2017. http：//www.andrewchaikin.com/wp-content/uploads/downloads/2017/06/NASA-Missions-Human-l-of-3-web.pdf. Accessed March 3, 2018.

1962 年　计划实施月球任务

"Enchanted Rendezvous：The Lunar-Orbit Rendezvous Concept". SP-4308 SPACEFLIGHT REVOLUTION. NASA History Office. https：//history.nasa.gov/SP-4308/ch8.htm. Accessed February 12, 2018.

1962 年　莱斯大学体育场的登月演讲

John E. Kennedy Moon Speech-Rice Stadium. NASA. https：//er.jsc.nasa.gov/seh/ricetalk.htm. Accessed August 1, 2017.

1963 年　人肉计算机

Berman, E. “Why the Soviets Beat the U.S. in Sending a Woman to Space” (2015). http://time.com/3891625/first-woman-space/. Accessed December 2.2018.

Neufeld, M. “Katherine Johnson, Hidden Figures, and John Glenn’s Flight.” *Smithsonian Air and Space*. https://airandspace.si.edu/stories/editorial/glenn-johnson-hiddenfigures. Accessed December 2, 2017.

1963—1964 年　土星号架构成形

“SP-4206: Stages to Saturn.” NASA Historv Office, https://history.nasagov/SP-4206/chl.htm. Accessed March 1, 2018.

1964 年　两人结伴，三人拥挤

Cadbury, D. *Space Race*. HarperCollins, 2005.

Chaikin, A. “History of NASA Missions: A Scientific, Engineering & Human Adventure.” Presentation at NASA Goddard Space Flight Center. June 2017. http://www.andrewchaikin.com/wp-content/uploads/downloads/2017/06/NASA-Missions-Human-l-of-3-web.pdf. Accessed March 3, 2018

Zak, A. “World’s first space crew flies riskiest mission ever!” Russian Space Web. http://www. russianspaceweb.com/voskhod.html. Accessed March 7, 2018

1964 年　月球科学的开端

Granath, B. (2014). “Pioneer 4 Marked NASA’s First Exploration Mission beyond Earth” NASA. https://www.nasa.gov/content/pioneer4-marked-nasas-first-exploration-mission-beyond-earth. Accessed March 12, 2018.

Hall, R.C. “A History of Project Ranger.” NASA History Office, 1977. https://history.nasa.gov/SP-4210/pages/Info.htm#I_Top. Accessed March 9, 2018

“Luna Mission.” Lunar and Planetary Institute. https://www.lpi.usra.edu/lunar/missions/luna/. Acessed March 12, 2018.

Zak, A. “Planetary Moon Missions.” Russian Space Web. http://www.russianspaceweb.com/spacecraft_planetary_lunar.html. Accessed March 3, 2018.

1964—1965 年　天体地质学

“Eugene M. Shoemaker.” National Academy of Sciences. http://www.nasonline.org/publications/biographical-memoirs/memoir-pdfs/shoemaker-eugene.pdf. Accessed January 18, 2018.

Phinnev. w.C. (2015). “Science Training History of the Apollo Astronauts.” Lunar and Planetary Institute. https://www.lpi.usra.edu/lunar/strategies/Phinney_NASA-SP-2015-626.pdf. Accessed January 5, 2018.

“Scientists in the Astronaut Corps.” NASA History Office. https://www.hg.nasa.gov/pao/History/SP-4214/ch5-10.html. Accessed February 27, 2018.

1965 年　提高航天能力

Cadbury, D. *Space Race*. HarperCollins, 2005.

Leonov, A. (2005). “Learning to Spacewalk: A cosmonaut remembers the exhilaration-and terror-of his first space mission.” https://www.airspacemag.com/space/the-nightmare-of-voskhod-2-8655378/. Accessed December 17, 2017.

“Timelinte of Earth Spaceflights.” European Space Agency. http://www.esa.int/About_Us/Welcome_to_ESA/ESA_history/50_years_of_humans_in_space/Timeline_of_early_spaceflights. AccessedSeptember 17, 2018.

“What Was the Gemini Program?” NASA, 2011. https://www.nasa.gov/audience/forstudents/5-8/features/nasa-knows/what-was-gemini-program-58.html. Accessed January 14, 2018.

1965—1966 年　学习会合和对接

Aldrin, B. *Line-of-sight guidance techniques for manned orbital rendezvous*. Sc.D. thesis. Massachusetts Institute of Technology, Dept. of Aeronautics and Astronautics, 1963.

Granath, B. “Gemini’s First Docking Turns to Wild Ride in Orbit” (2016). NASA. https://

www.nasa.gov/feature/geminis-first-docking-turns-to-wild-ride-in-orbit. Accessed February 6, 2018.

"What Was the Gemini Program?" NASA, 2011. https：//www.nasa.gov/audience/forstudents/5-8/features/nasa-knows/what-was-gemini-program-58.html. Accessed January 14, 2018.

1966 年　中性浮力

Neufeld, M.J, and J.B. Charles. "Practicing for space underwater：inventing neutral buoyancy training, 1963-1968." *Endeavour* 39：3-4. Online July 15, 2015. https：//airandspace.si.edu/files/pdf/research/neufeld-charles-neutral-buoyancy.pdf. Accessed December 20, 2017

"What Was the Gemini Program?" NASA, 2011. https：//www.nasa.gov/audience/forstudents/5-8/features/nasa-knows/what-was-gemini-program-58.html. Accessed January 14, 2018.

1966 年　悲剧

Cadbury, D. *Space Race*. HarperCollins, 2005

"Luna Mission." Lunar and Planetary Institute. https：//www.lpi.usra.edu/lunar/missions/luna/. Acessed March 12, 2018.

"Lunar Orbiter 1." NASA Solar System Exploration. https：//solarsystem.nasa.gov/missions/lunar-orbiter-1/in-depth/. Accessed January 7, 2018.

"Remembering NASA Astronauts Elliot See and Charles Bassett." NASA, 2016. Https：//www.nasa.gov/feature/remembering-nasa-astronauts-elliot-see-and-charles-basset. Accessed December 1. 2017.

"Sergei Korolev." Russian Space Web. http：//www.russianspaceweb.com/korolev.html. Accessed February 1, 2018

"What Was the Gemini Program?" NASA, 2011. https：//www.nasa.gov/audience/forstudents/5-8/features/nasa-knows/what-was-gemini-program-58.html. Accessed January 14, 2018.

1967 年　阿波罗 1 号火灾

Chaikin, A. "Apollo's Worst Day." *Air and Space Magazine*, 2016. https：//www.airspacemag.com/history-of-flight/apollo-fire-50-years-180960972/. AccessedSeptermber 12, 2017.

Chaikin, A. "History of NASA Missions：A Scientific, Engineering & Human Adventure." Presentation at NASA Goddard Space Flight Center. June 2017. http：//www.andrewchaikin.com/wp-content/uploads/downloads/2017/06/NASA-Missions-Human-l-of-3-web.pdf. Accessed March 3, 2018.

Larimer, S. "'We have a fire in the cockpit!' The Apollo 1 disaster 50 years later." *Washington Post*, January 26, 2017. https：//www.washiningtonpost.com/news/speaking-of-science/wp/2017/01/26/50-years-ago-three-astronauts-died-in-the-apollo-1-fire/?utm_term=.f74bdacf8411. Accessed September 12, 2017.

1967 年　重组阿波罗飞船

Chaikin, A. "History of NASA Missions：A Scientific, Engineering & Human Adventure." Presentation at NASA Goddard Space Flight Center. June 2017. http：//www.andrewchaikin.com/wp-content/uploads/downloads/2017/06/NASA-Missions-Human-l-of-3-web.pdf. Accessed March 3, 2018.

"NASA Apollo Mission Apollo-1-Investigation-NASA History Office." https：//history.nasa.gov/Apollo204/inv.html. Accessed August 15, 2017.

1967 年　在月球上宣告和平

"Status of International Agreements Relating to Activities in Outer Space." United Nations Office of Outer Space Affairs. http：//www.unoosa.org/oosa/en/ourwork/spacelaw/treaties/status/index.html. Accessed July 26, 2017.

"Treaty on Principles Governing the Activities of States in the Exploration and Use of

Outer Space, including the Moon and Other Celestial Bodies." United Nations Office of Outer Space Affairs. http：//www.unoosa.org/oosa/en/ourwork/spacelaw/treaties/introouterspacetreaty.html. Accessed July 26, 2017.

1968 年　乌龟登月

"An Evening with the Apollo 8 Astronauts"（Annual John H. Glenn Lecture Series）. Smithsonian, November 2008. https：//www.youtube.com/watch?v=Q2h_FtLzrrU. Accessed December 23, 2017.

"50 Years Ago：Solving the Pogo Effect." NASA. https：//www.nasa.gov/feature/50-years-ago-solving-the-pogo-effect.

"50 Years Ago, Zond-5：A prototype the Soviet crew capsule loops behind the Moon!" Russian Space Web. http：//www.russianspace-web.com/zond5.html. Accessed September 21, 2018

Zond Mission. Lunar and Planetary Science Institute. https：//www.lp.usra.edu/lunar/missions/zond/. Accessed January 2, 2018.

1968 年　到达月球

"Apollo 7（AS-205）：First manned test flight of the CSM." Smithsonian National Air and Space Museum. https：//airandspace.si.edu/explore-and-learn/topics/apollo/apollo-program/orbital-missions/apollo7.cfm. Accessed November 28, 2017.

"Apollo 8：Christmas on the Moon." NASA, 2014. https：//www.nasa.gov/topics/history/features/apollo_8.html. Accessed December 14, 2017.

"50 Years Ago：Solving the Pogo Effect." NASA. https：//www.nasa.gov/feature/50-years-ago-solving-the-pogo-effect. Accessed July 21, 2018

Jones, E.M., and K. Glover（eds.）. "A Visit with the Snowman." Apollo 12 Lunar Surface Journal. https：//www.hq.nasa.gov/alsj/al2/al2.summary.html. Accessed December 13, 2018.

1968 年　地出

"An Evening with the Apollo 8 Astronauts"（Annual John H. Glenn Lecture Series）. Smithsonian, November 2008. https：//www.youtube.com/watch?v=Q2h_FtLzrrU. Accessed December 23, 2017.

"Apollo 8：Christmas on the Moon." NASA, 2014. https：//www.nasa.gov/topics/history/features/apollo_8.html. Accessed December 14, 2017.

1969 年　彩排

"Apollo 10." NASA, 2009. https：//www.nasa.gov/mission_pages/apollo/missions/apollo10.html. Accessed January 17, 2018.

Howell, E.（2018）. "Apollo 9：The Lunar Module Flies." https：//www.space.com/17616-apollo-9.html. Accessed September 21, 2018.

1969 年　人类一大步

"July 20, 1969：One Giant Leap for Mankind." NASA History Office. https：//www.nasa.gov/mission_pages/apollo/apolloll.html. Accessed November 25, 2017.

Spudis, P, et al.（2008）. "Moon 101 Lecture Series." Lunar Planetary Institute. Houston, TX. https：//www.lpi.usra.edu/lunar/moon101/. Accessed November 23, 2017.

Teitel, A.S.（2016）. "This Rocket Failed to Put Soviets on the Moon." *Popular Science*. https：//www.popsci.com/this-rocket-failed-to-put-soviets-on-moon. Accessed December 12, 2017.

1969 年　月球科考的开端

"Apollo Lunar Landing and Sample Return." NASA Planetary Protection. https：//planetaryprotection.nasa.gov/missions-past/apollo/. Accessed December 2, 2017.

"Apollo Lunar Surface Experiments Package, ALSEP Familiarization Course Handout or Training." NASA, 1969. https：//www.hq.nasa.gov/alsj/ALSEP-1969FamHandout.pdf. Accessed January 7, 2018.

"Apollo 12 Mission：Surveyor III Analysis. Lunar and Planetary Institute." https：//

www.lpi.usraedu/lunar/missions/apollo/apollo_12/experiments/surveyor/. Accessed December 15, 2015.

Rummel. J.D.. J.H. Allton, and D.Morrison. "A Microbe on the Moon? Survevor III and Lessons Learned for Future Sample Return Missions." Lunar and Planetary Science Conference presentation, 2011. https: //www.lpi.usra.edu/meetings/sssr2011/pdf/5023.pdf. Accessed January 28, 2018

Spudis, P, et al.(2008). "Moon 101 Lecture Series." Lunar Planetary Institute. Houston, TX. https: //www.lpi.usra.edu/lunar/moon101/. Accessed November 23, 2017.

Warmflash, D., M. Larios-Sanz, J. Jones, G.E. Fox, and D.S. McKav. "Biohazard potential of putative Martian organisms during missions to Mars." Aviat Space Environ Med. 2007 Apr; 78 (4 Suppl): A79-88

1969 年　制造月震

"Apollo Lunar Sample Analysis," Lunar and Planetary Institute. https: //www.lpi.usra.edu/lunar/samples/. Accessed December 2017.

Spudis, P, et al.(2008). Moon 101 Lecture Series. Lunar Planetary Institute. Houston, TX. https: //www.lpi.usra.edu/lunar/moon101/. Accessed December 17, 2017.

Yamada, R. Description of Apollo Seismic Experiments. Japan Aerospace Exploration Agency. https: //darts.isas.jaxa.jp/planet/seismology/apollo/The_Description_of_Apollo_Seismic_Experiments.pdf.

1969 年　月球物质回收实验室

"The Lunar Samples." Lunar and Planetary Science Institute. https: //www.lpi.usra.edu/publications/books/moonTrip/viTheLunarSamples.pdf. Accessed Nobember 30, 2017.

Mangus, S., and W. Larsen, "Lupar Receiving Laboratory Project History. NASA/CR-2004-208938." 2004. https: //www.lpi.usra.edu/lunar/documents/lunarReceivingLabCr2004_208938.pdf.

Meyer, C.(2003). "Lunar Sample Mineralogy. NASA Lunar Petrographic Educational Thin Section Set." https: //curator.jsc.nasa.gov/lunar/letss/mineralogy.pdf. Accessed November 29, 2017.

Tavlor, G.R., R.C. Simmonds, and C.H. Walkinshaw. "SP-368 Biomedical Results of Apollo. Chapter 2: Quarantine Testing and Biocharacterization of Lunar Materials." https: //history.nasagov/SP-368/s5ch2.htm. Accessed November 1, 2017.

1970 年　任务失败，成功返回

"Apollo 13." NASA, 2009. https: //www.nasa.gov/mission_pages/apollo/missions/apollo13.html.

Cellania, M.(2010). "Forty Years Ago: Apollo 13." http: //mentalfloss.com/article/24441/forty-years-ago-apollo-13. Accessed January 13, 2018.

Kranz, G. *Failure Is Not an Option: Mission Control from Mercury to Apollo 13 and Beyond*. Simon & Schuster, 2009.

Lovell, J., and J. Kruger. *Lost Moon: The Perilous Voyage ofApollo 13*. Houghton Miffin, 1994

1971 年　重返月球

"Apollo 14 Landing Site Overview." Lunar and Planetary Sciences Institute. https: //www.lpi.usra.edu/lunar/missions/apollo/apollo_14/landing_site/. Accessed November 11, 2017.

Spudis, P. et al.(2008), "Moon 101 Lecture Series," Lunar Planetary Institute. Houston, TX. https: //www.lpi.usra.edu/lunar/moonl0l/. Accessed December 20, 2017.

Yamada, R. Description of Apollo Seismic Experiments. Japan Aerospace Exploration Agency. https: //darts.isas.jaxa.jp/planet/seismology/apollo/The_Description_of_Apollo_Seismic_Experiments.pdf.

1971 年　延伸任务

Anzai, T., M.A. Frey, and A. Nogami. "Cardiac arrhythmias during long duration spaceflights." *Journal of Arrhythmia* 2014; 30 (3): 139-149.

"Apollo 15 Mission Report." NASA. https://www.hq.nasa.gov/alsj/a15/ap15mr.pdf. Accessed November 28, 2017

Teitel, A.S. "NASA's (Un) Censored Moonwalkers." *Popular Science*, 2014. https://www.popsci.com/nasas-uncensored-moonwalkers. Accessed December 2, 2014.

Williams, D.R. "Apollo 15 Hammer-Feather Drop." https://nssdc.gsfc.nasa.gov/planetary/lunar/apollo_15_feather_drop.html.

1972 年　笛卡尔高地

"Apollo 16 Science Experiments." Lunar and Planetary Science Institute. https://www.lpi.usra.edu/lunar/missions/apollo/apollo_16/experiments/. Accessed January 12, 2018.

"Mysterious Descartes." Lunar and Planetary Science Institute. https://www.lpi.usra.edu/publications/books/rockyMoon/17Chapterl6.pdf. Accessed January 20, 2018

Spudis, P, et al. (2008). "Moon 101 Lecture Series." Lunar Planetary Institute. Houston. TX. https://www.lpi.usra.edu/lunar/moon101/. Accessed December 21, 2017.

1972 年　前往金牛-利特罗峡谷的任务

"Apollo 17 Mission Report." National Aeronautics and Space Administration, 1973. https://www.hq.nasa.gov/alsj/a17/A17_Missioneport.pdf. Accessed February 14, 2018.

Saal, A.E., E.H. Hauri, M.L. Cascio, JA. Van Orman, M.C. Rutherford, and R.F. Cooper. "Volatile content of lunar volcanic glasses and the presence of water in the Moon's interior." Nature. 2008; 454 (7201): 192-195. doi: 10.1038/nature07047.

Spudis, P., et al. (2008). "Moon 101 Lecture Series." Lunar Planetry Institute. Houston, TX. https://www.lpi.usra.edu/lunar/moon101. Accessed December 21, 2017.

STEM Talk. Episode 4. Harrison Schmitt discuss being the first scientist on the moon. https://www.youtube.com/watch?v=IM7UVCHraHs. Accessed December 19, 2017.

1972 年　阿波罗生物堆号

Acknowledgement: Michael D. Delp. Ph.D., of Florida State University: Gratitude for providing insights during a phone conversation with the author.

Delp, M.D., J.M. Charvat, C.L. Limoli, R.K. Globus, and P. Ghosh. "Apollo Lunar Astronauts Show Higher Cardiovascular Disease Mortality: Possible Deep Space Radiation Effects on the Vascular Endothelium." *Sci Rep*. 2016; 6: 29901.

Graul, E.H., et al. "Radiobiological results of the Biostack experiment on board Apollo 16 and 17." *Life Sci Space Res*. 1975; 13: 153-159.

"The Deadly Van Allen Belts?" NASA. https://www.nasa.gov/sites/default/files/files/SMIII_Problem7.pdf. Accessed March 25, 2018.

1972—1974 年　被取消的阿波罗任务

"Wednesday's Child." Apollo Applications. NASA History Office. https://history.nasa.gov/SP-4208/ch3.htm. Accessed March 30, 2018.

"Apollo 18 through 20-The Cancelled Missions." NASA. https://nssdc.gsfc.nasa.gov/planetary/lunar/apollo_18_20.html. Accessed March 31, 2018.

"Manned Venus Flyby." NASA, 1967. https://ntrs.nasa.gov/archive/nasa/casi.ntrs.nasa.gov/19790072165.pdf. Accessed March 31, 2018.

"Scientific rationale summaries for Apollo candidate lunar exploration landing sites-NASA Report." NASA, 1970. https://ntrs.nasa.gov/archive/nasa/casi.ntrs.nasa.gov/19790073898.pdf. Accessed March 31, 2018.

Spudis, P., et al. (2008). "Moon 101 Lecture Series." Lunar Planetry Institute. Houston, TX. https://www.lpi.usra.edu/lunar/moon101. Accessed Fe bruary 4, 2018.

20 世纪七八十年代　解开月球历史之谜

"Future Chinese Lunar Missions." NASA Goddard Spaceflight Center. https：//nssdc.gsfc.nasa.gov/planetary/lunar/cnsa_moon_future.html. Accessed September 26, 2018.

Hartmann, W.K., and D.R. Davis. "Satellite-sized planetesimals and lunar origin 1975." Icarus 24, 504-515.

"Luna Mission." Lunar and Planetary Institute. https：//www.lpi.usra.edu/lunar/missions/luna/. Accessed March 21, 2018.

Saal, A.E., E.H. Hauri, M.L. Cascio J.A. Van Orman, M.C. Rutherford and R.F. Cooper. "Volatile content of lunar volcanic glasses and the presence of water in the Moon's interior." *Nature* 2008; 454（7201）：192-195, doi：10.1038/nature07047.

Spudis, P. et al.（2008）. "Moon 101 Lecture Series." Lunar Planetary Institute. Houston, TX. https：//www.lpi.usra.edu/lunar/moon101/. Accessed March 30, 2018.

20 世纪八九十年代　研究月球资源

"Clementine Project Information." NASA Goddard Spaceflight Center. https：//nssdc.gsfc.nasa.gov/planetary/clementine.html. Accessed January 12, 2018.

Criswell, D.B. "Development and Commercialization of the Lunar Solar Power System." IAF abstracts, 34th COSPAR Scientific Assembly. Second World Space Congress, October 10-19, 2002. Houston. TX. Abstract 262.

Meyer, C.（2003）. "Lunar Sample Mineralogy." NASA LunarPetrographic Educational Thin Section Set. https：//curator.jsc.nasa.gov/lunar/letss/mineralogy.pdf Accessed February 20, 2017.

Papike, J. L. Tavlor, and S. Simon. Chapter 5 in *Lunar Sourcebook*：*A user's guide to the Moon*. Lunar and Planetary Institute. https：//www.lpi.usra.edu/publications/books/lunar_sourcebook/pdf/Chapter05.pdf. Accessed March 2. 2018.

Simko, T., and M. Gray. "Lunar Helium-3 Fuel for Nuclear Fusion：Technology, Economics, and Resources." *World Futures Review* 2014. https：//doi.org/10.1177/1946756714536142.

1998 年　月球勘探者探测器

"Eugene Shoemaker Ashes Carried on Lunar Prospector." NASA Jet Propulsion Laboratory. https：//www2.ipl.nasa.gov/sl9/news82.html. Accessed November 22, 2017.

"The Lunar Prospector Mission." Lunar and Planetarv Science Institute. https：//www.lpi.usra.edu/lunar/missions/prospector/. Accessed January 17, 2018

2003—2013 年　新一代月球探测器

Haruyama, J., et al. "Detection of lunar lava tubes by lunar radar sounder onboard Selene（Kaguya）." Lunar and Planetary Science Conference presentation, 2017. https：//www.hou.usra.edu/meetings/lpsc2017/pdf/1711.pdf. Accessed January 15, 2018"

"Missions to the Moon." The Playetary Society. http：//www.planetary.org/explore/space-topics/space-missions/missions-to-the-moon.html. Accessed March 25, 2018.

"Moon Missions." NASA. https：//moon.nasa.gov/exploration/moon-missions/. Accessed May 1, 2018.

Redd, N.T. "Chang'e-4：Visiting the Far Side of the Moon." Space.com. https：/www.space.com/40715-change-4-mission.html. Accessed June 1, 2018.

2018 年　准备新任务

"Future Chinese Lunar Missions." NASA Goddard Spaceflight Center. https：//nssdc.gsfc.nasa.gov/planetary/lunar/cnsa_moon_future.html. Accessed April 10, 2018.

Musser. G, "Double Impact MayExplain Why Venus Has No Moon." *Scientific American*, 2006. https：//www.scientificamerican.com/article/double-impact-may-explain/. Accessed February 12, 2018.

Rufu, R., O. Aharonson, and H.B. Perets. "A multiple-impact origin for the Moon." *Nature Geoscience* 10, 89-94（2017）

2019—2044 年　建设月球基础设施

"Moon village." European Space Agency. https：//www.esa.int/About_Us/Ministerial_Council_2016/Moon_Village. Accessed May 20, 2018.

"NASA's Lunar Outpost Will Extend Human Presence in Deep Space." NASA. https：//www.nasa.gov/feature/nasa-s-lunar-outpost-will-extend-human-presence-in-deepspace. Accessed May 15, 2018.

"Space Launch System." NASA. https：//www.nasa.gov/exploration/systems/sls/index.html. Accessed May 1, 2018.

关于作者

大卫·沃姆弗兰什博士是一名天体生物学家、空间医学研究员和科学传播者。他从以色列特拉维夫大学萨克勒医学院获得医学博士学位后，在布兰迪斯大学、宾夕法尼亚大学、NASA 约翰逊航天中心（JSC）完成了博士后研究工作，并加入了 NASA 的第一批天体生物学研究团队。在约翰逊航天中心从事研究工作时，他曾在大卫·麦凯博士（Dr. David S. McKay，已故）的指导下工作和学习。麦凯博士是 NASA 天体生物学项目的奠基人，并在几十年前就已经开始训练宇航员进行月球野外地质研究。

20 年前，沃姆弗兰什曾是 NASA 冰质木卫轨道飞行器（Jupiter Icy Moons Orbiter）科学定义小组的成员，并与行星学会合作实验，三次将微生物样本送入太空，其中包括“和平实验”项目，在这个项目中，一名以色列学生和一名巴勒斯坦学生作为合作研究人员，与沃姆弗兰什和其他同事一起研究了 NASA STS-107 航天飞机上的微生物样本。2011 年，俄罗斯联邦航天局的福布斯 - 土壤探测器（Phobos-Grunt probe）试图往返火卫一，大卫与行星学会合作，致力于将天体生物学实验纳入该探测器项目。

从童年起直至长大成人后，沃姆弗兰什一直深受卡尔·萨根博士的启发，在科学期刊和科普出版物上发表了大量文章，包括《连线》、《科学美国人》、《航空与太空》和《飞跃》等杂志期刊。他的文章涉及的科学主题涵盖面之广，从寻找地外生命、太空探索到遗传学、神经科学、生物技术、生命起源和科学史。2017 年，沃姆弗兰什给露西 • 霍金和史蒂芬 • 霍金的《乔治和蓝月亮》（*George and the Blue Moon*）一书撰写了一篇关于人类冬眠可行性的短文。《月球之书》是大卫的第一本个人著作。

图书在版编目（CIP）数据

月球之书 /（美）大卫 · 沃姆弗兰什（David Warmflash）著；丁一，郑建川译 . -- 重庆：重庆大学出版社，2022.3
（里程碑书系）
书名原文：Moon: An Illustrated History
ISBN 978-7-5689-2828-1
Ⅰ . ①月… Ⅱ . ①大… ②郑… ③丁… Ⅲ . ①月球 – 普及读物 Ⅳ . ① P184-49
中国版本图书馆 CIP 数据核字（2021）第 130920 号

版贸核渝字（2019）第 183 号

月球之书

YUEQIU ZHI SHU

[美] 大卫 · 沃姆弗兰什　著
丁 一　郑建川　译

策划编辑　王思楠　　责任编辑　龙云飞
责任校对　邹　忌　　装帧设计　鲁明静
责任印制　张　策　　内文制作　许艳秋

重庆大学出版社出版发行
出版人：饶帮华
社址：（401331）重庆市沙坪坝区大学城西路 21 号
网址：http://www.cqup.com.cn
印刷：重庆升光电力印务有限公司

开本：880mm × 1230mm　1/32　印张：7.125　字数：235 千
2022 年 3 月第 1 版　　2022 年 3 月第 1 次印刷
ISBN 978-7-5689-2828-1　定价：78.00 元

25
27
28
26
1
2
Z
24
23
42
y
f
5
d
g
k
2
56
22
c
44
b
l
m
n
o
p
21
45
5
q
a
32
17
r
s
t
12
33
11
10
47
34
46
8
u
43
9
37
35
36
38
14
13
39
31
48
40
49